突破平面

平面设计与制作

After Effects CC 2015

铁钟 / 编著

特效设计与制作

清华大学出版社

北 京

内 容 简 介

本书深入分析了After Effects CC 2015的各个功能和命令，内容涵盖界面、工作流程、工具、菜单、面板、如何使用特效、特效应用、第三方特效插件、层、遮罩、动画关键帧、文本效果、3D效果、表达式、渲染、输出大领域，案例涉及文字特效、光线特效、背景特效、画面特效、三维光效、三维文字、粒子插件与粒子光线化等。与本书配套的DVD光盘不但包含了基础和案例两部分的相关教学视频，而且收录了大量的视频素材，读者可以根据需要进行学习和使用。

本书适合从事影视制作、栏目包装、电视广告、后期编辑与合成的广大初、中级从业人员作为自学读物，也适合相关院校影视后期、电视创作和视频合成专业作为配套教材。

图书在版编目（CIP）数据

突破平面After Effects CC 2015特效设计与制作 / 铁钟编著. -- 北京：清华大学出版社, 2016(2022.2重印)
（平面设计与制作）
ISBN 978-7-302-43558-7

Ⅰ.①突… Ⅱ.①铁… Ⅲ.①图像处理软件 Ⅳ.①TP391.41

中国版本图书馆CIP数据核字(2016)第081963号

责任编辑：陈绿春
封面设计：潘国文
责任校对：徐俊伟
责任印制：沈　露

出版发行：清华大学出版社
　　　　　网址：http://www.tup.com.cn，http://www.wqbook.com
　　　　　地址：北京清华大学学研大厦A座　　　　邮　编：100084
　　　　　社总机：010-62770175　　　　　　　　邮　购：010-83470235
　　　　　投稿与读者服务：010-62776969, c-service@tup.tsinghua.edu.cn
　　　　　质量反馈：010-62772015, zhiliang@tup.tsinghua.edu.cn
印 装 者：三河市龙大印装有限公司
经　　销：全国新华书店
开　　本：188mm×260mm　　　　印　张：13.75　　　插　页：8　　　字　数：373千字
　　　　　(附光盘1张)
版　　次：2016年8月第1版　　　　印　次：2022年2月第5次印刷
定　　价：69.00元

产品编号：068055-01

前 言
PREFACE

在影视后期行业飞速发展的今天，影视后期合成软件也越来越多，比如 Fusion，Nuke 等等，而 After Effects 作为著名公司 Adobe 旗下的影视后期合成软件，有着很多非常方便的功能、广阔的平台和非常高的工作效率，这些让它在影视行业中享有盛名。After Effects 这款软件，在影视行业中被广泛的使用着，After Effects 可以帮助用户高效、精确地创建无数种引人注目的动态图形和视觉效果。它可以与其他 Adobe 软件紧密集成、制作出高度灵活的 2D 和 3D 合成，可以获得数百种预设的效果和动画，可以为电影、视频、DVD 和 Flash 作品增添非常新奇的效果。最新版 After Effects CC 2015 作为一款优秀的跨平台后期动画软件，对 Windows 和 Macosx 两种不同的操作系统都有很好的兼容性，对于硬件的要求也很低。无论是 PC 还是 MAC 都可以交换项目文件和大部分的设置。

After Effects CC 2015 调整了软件架构，新版本界面和图形计算在独立的 CPU 中进行，使用者可以在预览的同时，调整参数。同时 Adobe 也加强了旗下软件间的融合，工程文件进一步得到整合，这也体现在部分整合性软件的出品。

全书共分为 7 章，内容概括如下：

第 1 章 认识 After Effects CC 2015

第 2 章 二维动画

第 3 章 三维动画

第 4 章 常用内置效果

第 5 章 基础应用

第 6 章 Particular 粒子特效

第 7 章 综合案例

本书编写的目的是令读者尽可能地全面掌握 After Effects CC 2015 软件的应用。书中对 Particular 等高级粒子效果插件进行了详细的讲解。实例部分由浅入深，步骤清晰简明，通俗易懂，适合不同层次的读者。

　　附书光盘提供了大量的视频素材，读者可以根据需要进行练习和使用。虽然作者已经尽了最大的努力，但书中仍有可能存在诸多不足之处，敬请各位读者多多指正，并真诚的欢迎与作者交流，相关问题可以将电子邮件发送到 Mayakit@126.com。

　　本书的编辑过程中得到了编辑陈绿春老师的大力支持，在这里表示感谢。书籍的整理工作由学生吴雷、彭凯翔等同学负责，在这里表示感谢。

　　本书由铁钟执笔编写，参与编写的人员还有吴雷、彭凯翔、龚斌杰、刘子璇、雷磊、杨远春、谢云飞、李遥、江国庆、李建平、王文静、刘跃伟、程姣、赵佳峰、程延丽、万聚生、陶光仁、万里、贾慧军、陈勇杰、赵允龙、刁江丽、王银磊、王科军、司爱荣、王建民、赵朝学、宋振敏、李永增。

铁　钟

丙申年春於佘山

目 录

第2章 二维动画

第3章　三维动画

第4章　常用内置效果

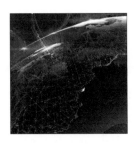  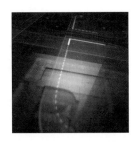 

第5章　基础应用

第6章　Particular粒子特效

第7章　综合案例

第 1 章

认识 After Effects CC 2015

1.1 认识 After Effects CC 2015

　　影视后期合成工作在数字化浪潮下的影视工作流程中，扮演着非常重要的角色。而且在很多时候，后期合成工作能够大幅度节省拍摄成本，并且将很多不可能实现的镜头效果变为可能。在数字化的背景下对于如今的影像产业有着很大的冲击，许多导演或摄影师都在尝试着使用全数字化的方式进行拍摄和后期编辑。现在许多设备已经不再使用原有的胶片或磁带记录的方式来进行编辑，随着社会高清时代的来临，数字化已经是一个无法逃避的现实。现实生活中，影视合成无处不在，小到路边的 LED 广告牌，大到电影院中的宽银幕，凡是有屏幕的地方，都有影视合成的影子，如图 1-1 和图 1-2 所示。

图 1-1

图 1-2

　　在影视后期行业飞速发展的今天，影视后期合成软件也有很多，例如 Fusion、Nuke 等，而 After Effects 作为著名的 Adobe 公司旗下的影视后期合成软件，其有着很多非常方便的功能、广阔的平台，以及非常高的工作效率，这些优势让它在影视行业中享有盛名，After Effects 在影视行业中已经被广泛使用，如图 1-3 所示。

图 1-3

　　后期合成软件的主流操作模式分为两种：基于节点模式的操作和基于图层模式的操作。两种操作模式都分别有着自己的优点和缺点，其中图层模式的操作是比较传统的，通过图层的叠加与嵌套，来对画面进行控制，其易于上手，很多合成软件都采用这种工作方式，例如大家所熟知的

Photoshop、Premiere 等，当然这也包括本书要讲述的 After Effects；而节点式的操作方式是通过各个节点去传递功能属性，这要求使用者在工作时，必须保持非常清晰的思路，否则会越用越乱，如图 1-4 和图 1-5 所示。

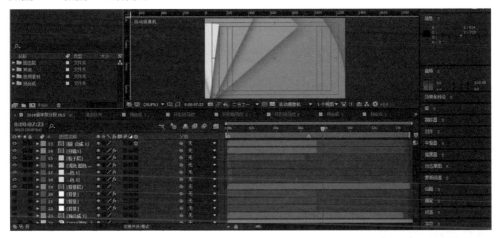

图 1-4

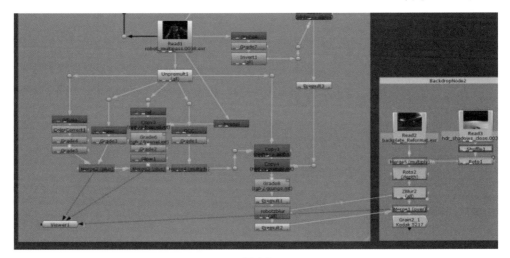

图 1-5

After Effects CC 2015 相比之前的版本进行了多项改进，下面来了解 After Effects CC 2015 的相关改进。首先来解释一下关于 CC（Creative Cloud）的基本概念，这是 Adobe 公司推出的云工作模式。首先使用移动终端作为创意的收集来源，通过 Creative Cloud 这样的载体，共享和使用相关的素材，并最终由桌面工具完成制作，如图 1-6 所示。

图 1-6

　　由于业绩压力，Adobe 公司于 2014 年 9 月关闭了中国分公司，相应地，许多在移动平台上的应用，至少直到笔者写作本书的时候还没在中国市场开放。相关的应用软件都需要 Creative Cloud 的配合，但这并不影响桌面软件的使用，如图 1-7 和图 1-8 所示。

图 1-7 　　　　　　　　　　　　　　　　　　　　　　图 1-8

　　After Effects CC 2015 调整了软件架构，新版本软件的界面和图形计算在独立的 CPU 中进行，使用者可以在预览的同时，调整参数。而在以往的版本中，调整参数时，预览是会中断的。

　　播放（空格键）和内存预览（数字键盘中的 0 键）功能合二为一，即通过空格键即可进行内存预览，如图 1-9 所示。

图 1-9

　　"预览"面板中增加了"工作区域按当前时间延伸"的概念，即时间轴在工作区域外也能预览时间轴当前的画面。在以往版本中，工作区域外的部分是不能被预览的，如图 1-10 和图 1-11 所示。

图 1-10 　　　　　　　　　　　　　　　　　　　　　图 1-11

在新版 After Effects 中可以直接打开新的动画软件 Adobe Character Animator（角色动画师）。在菜单栏中执行"文件→ Adobe Character Animator"命令，即可启动 Adobe Character Animator。搭配摄影机可以快速制作表情动画，如图 1-12 所示。

图 1-12

新的脸部追踪技术可以快速追踪脸部，也可以追踪脸部表情细节（可以自动产生左右眉毛、眼睛、鼻子、嘴巴部分的关键帧），包含许多追踪数据，可以进一步利用这些数据制作角色表情动画。使用"脸部追踪"需要先在素材中用"蒙版"工具选中脸部，如图 1-13 所示。

图 1-13

在"时间轴"面板中单击素材左侧的三角形图标展开素材属性，展开后的属性会有蒙版、变化、音频三个属性，继续单击蒙版左侧的三角形图标展开蒙版属性。右键单击"蒙版 1"会弹出"跟踪蒙版"选项，如图 1-14 所示。

图 1-14

在"跟踪"面板的"方法"下拉列表中，可以选择"脸部跟踪（仅限轮廓）""脸部跟踪（详细五官）"选项，如图 1-15 和图 1-16 所示。

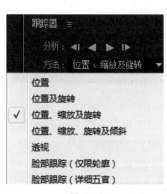

图 1-15

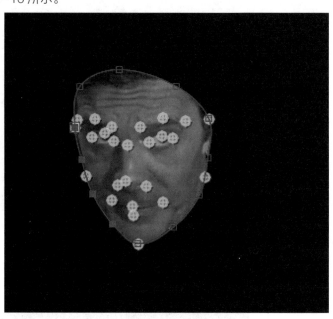

图 1-16

增加表达式检测功能。当表达式出现错误等情况时，能快速帮助找到表达式错误的位置和原因，如图 1-17 所示。

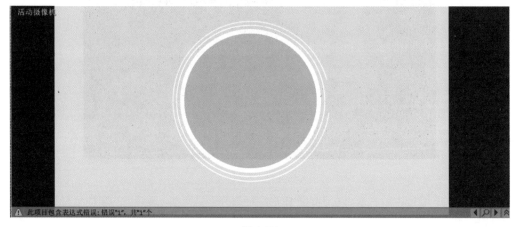

图 1-17

1.2　After Effects CC 2015 工作区介绍

1.2.1　工作界面介绍

在本节中，将系统地介绍 After Effects 软件的工作界面，熟悉不同模块的工作流程与工作方式。对于使用过 Photoshop 等软件的用户对于该流程不会陌生，而对于刚开始接触这类软件的用户，将会发现 After Effects 的流程是多么易学、易理解。通过初步了解，使我们对 After Effects 有一个宏观上的认识，为以后的深入学习打下基础，如图 1-18 所示。

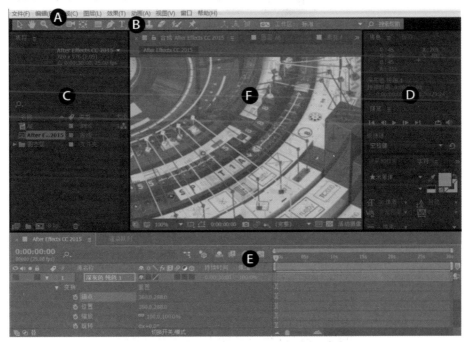

图 1-18

- A【菜单栏】：大多数命令都在这里，将在后面的章节详细讲解。
- B【工具】：与 Photoshop 的工具箱相同，大多数工具的使用方法也相似。
- C【项目】：所有导入的素材都在这里管理。
- D【其他功能面板】：After Effects 有众多控制面板，用来实现不同的功能，随着工作环境的变化，这里的面板也可以进行调整（如果关闭了某些面板，可以通过选择"窗口"菜单中的相应命令，将该面板打开）。
- E【时间轴】：After Effects 主要的工作区域，动画的制作主要在这个区域完成。
- F【视图观察编辑】：包括多个面板，最常用的就是"合成"面板，在其上方可以切换为"图层"视图模式，这里主要用于观察视频最终呈现的画面效果。

After Effects 中的窗口，按照用途不同分别放置在不同的框架内，框架与框架间用分隔条分隔。如果一个框架同时包含多个面板，将在其顶部显示各个面板的选项卡，但只有处于前端的选项

卡的内容是可见的。单击选项卡，将对应面板显示到最前端。下面将以 After Effects CC 默认的
Standard(标准)工作区为例，对 After Effects CC 中各个界面元素进行详细介绍，如图 1-19 所示。

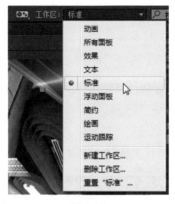

图 1-19

1.2.2 项目面板介绍

在 After Effects 中，"项目"面板提供给用户一个管理素材的工作区，用户可以很方便地把
不同素材导入，并对它们进行替换、删除、注解、整合等管理操作。After Effects 这种项目管理
方式与其他软件不同，例如，用户使用 Photoshop 将文件导入后，生成的是 Photoshop 文档格式。
而 After Effects 则是利用项目来保存导入素材所在硬盘的位置，这样可以使 After Effects 的文件
非常小。当用户改变导入素材所在硬盘保存的位置时，After Effects 将要求用户重新确认素材的
位置。建议用户使用英文来命名保存素材的文件夹和素材文件名，从而避免 After Effects 在识别
中文路径和文件名时产生错误，如图 1-20 所示。

图 1-20

在"项目"面板中选择一个素材，在素材的名称上单击鼠标右键，就会弹出素材的设置菜单，如图 1-21 所示。

右键单击"项目"面板中素材名称后面的小色块，会弹出用于选择颜色的菜单。每种类型的素材都有特定的默认颜色，主要用来区分不同类型的素材，如图 1-22 所示。

在"项目"面板的空白处单击右键，会弹出关于新建和导入的菜单（用户也可以像操作 Photoshop 一样，在空白处双击鼠标，直接导入素材），如图 1-23 所示。

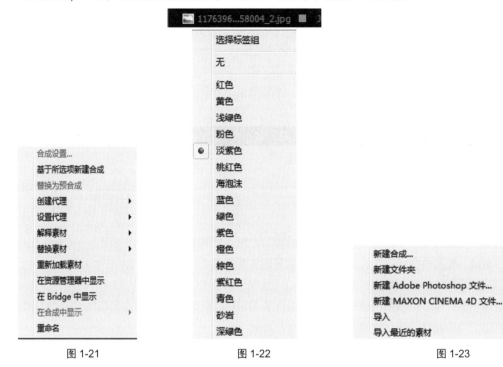

图 1-21　　　　　　　　　　图 1-22　　　　　　　　　　图 1-23

- 新建合成：创建新的合成项目。
- 新建文件夹：创建新的文件夹，用来分类装载素材。
- 新建 Adobe Photoshop 文件：创建一个新的保存为 Photoshop 格式的文件。
- 新建 MAXON CINEMA 4D 文件：创建 C4D 文件，这是 After Effects CC 新整合的文件模式。
- 导入：导入新的素材。
- 导入最近的素材：导入最近使用过的素材。
- 查找：用于查找"项目"面板中的素材，在素材比较多的情况下，能够比较方便、快捷地找到需要使用的文件。
- ■ 解释素材：用于打开"解释素材"面板，该面板在后面的章节中会详细介绍。
- ■ 新建文件夹：该图标位于"项目"面板的左下角，它的功能是建立一个新的文件夹，用于管理"项目"面板中的素材，用户可以把同一类型的素材放入一个文件夹中。管理素材与制作是同样重要的工作，当用户在制作大型项目时，会同时面对大量的视频素材、音频素材和图片素材，合理分配素材将有效提高工作效率，增强团队的协作能力。

- 🔲 新建合成：该图标用来建立一个新的合成，单击该图标会弹出“合成设置”对话框。
- 🗑️ ：该图标用来删除“项目”面板中所选定的素材或项目。

1.2.3　工具介绍

After Effects CC 的工具箱与 Photoshop 工具箱类似，通过使用这些工具，可以对画面进行缩放、擦除等操作。这些工具都在“合成”面板中完成操作。按照功能不同可以分为六个大类——操作工具、视图工具、遮罩工具、绘画工具、文本工具和坐标轴模式工具。使用工具时单击工具箱中的工具图标即可，有些工具必须选中素材所在的层才能被激活。单击工具右下角的小三角图标可以展开“隐藏”工具，将鼠标放在该工具上方不动，系统会显示该工具的名称和对应的快捷键。这些工具的具体使用方法，会在后文中详细介绍，本节内容主要是帮助大家了解工具箱中相关工具的位置和基本的使用方法，如图 1-24 所示。

图 1-24

1.2.4　合成面板介绍

“合成”面板主要用于对视频进行可视化编辑。对影片做的所有修改，都将在这个面板中显示出来，“合成”面板中显示的内容是最终渲染效果最主要的参考。“合成”面板不仅可以用于预览源素材，在编辑素材的过程中也是不可或缺的。“合成”面板不仅可以显示效果，同时也是最重要的工作区域。用户可以直接在“合成”面板中使用工具箱中的工具在素材上进行修改，并实时显示修改的效果，用户还可以建立快照方便对比观察影片。

“合成”面板主要用来显示各个层的效果，而且通过该面板可以对层进行直观的调整，包括移动、旋转和缩放等。对层使用的滤镜都在“合成”面板中显示出来，如图 1-25 和图 1-26 所示。

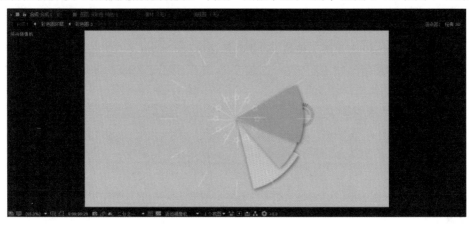

图 1-25

图 1-26

在"合成"面板上方可以对"合成"面板、"固态层"面板、"素材"面板和"流程图"面板进行来回的切换，"合成"面板为默认面板，双击"时间轴"面板中的素材，会自动切换到"素材"面板中，如图 1-27 所示。

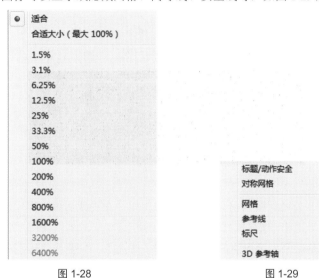

图 1-27

以下为"合成"面板的相关功能图标：

● (65.3%) ▼：该图标用来控制合成的显示比例。单击该图标会弹出一个菜单，可以从中选择需要的比例，如图 1-28 所示。

● ▣：该图标是安全区域图标，因为我们在计算机上制作的影片，在电视上播出时会将边缘切除一部分，这样就有了安全区域的概念，只要把图像中的元素放在安全区中，就不会被剪掉。这个图标可以显示或隐藏网格、向导线、安全线等，如图 1-29 所示。

图 1-28　　　　　　　　　　图 1-29

● ▣：该图标可以显示或隐藏遮罩，如图 1-30 和图 1-31 所示。

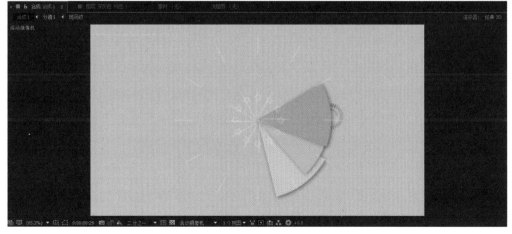

图 1-30

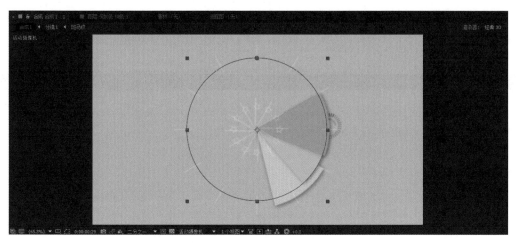

图 1-31

-  这里显示的是合成的当前时间,如果单击该图标,会弹出"转到时间"(Go to Time)对话框,在该对话框中可以输入精确的时间,如图 1-32 所示。

图 1-32

- 该图标用于暂时保存当前时间点的图像,以便在更改后进行对比。暂时保存的图像只会存在内存中,并且一次只能暂存一张。
- 该图标就是用来显示快照的,不管在哪个时间点,只要按住该图标不放即可显示最后一次快照的图像。

提示

如果想要拍摄多个快照,可以按住 Shift 键不放,然后在需要快照的地方按 F5、F6、F7、F8 键,即可进行多次快照,要显示快照时可以按 F5、F6、F7、F8 键即可显示对应的快照。

- 该图标用于显示通道及色彩管理设置,单击该图标会弹出菜单,用于选择不同的通道模式,显示区会相应显示出这种通道的效果,从而检查图像的各种通道信息,如图 1-33 所示。
- 在这里可以选择以何种分辨率来显示图像,通过降低分辨率,能提高计算机的运行效率,如图 1-34 所示。

图 1-33　　　　　　　　　　　　　　　图 1-34

- ■：该图标可以在显示区中自定义一个矩形的区域，只有矩形区域中的图像才能显示出来。它可以加速影片的预览速度，只显示需要查看的区域，如图 1-35 所示。

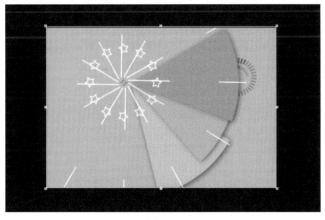

图 1-35

- ■：该图标可以打开棋盘格透明背景。默认的情况下，背景为黑色，如图 1-36 所示。

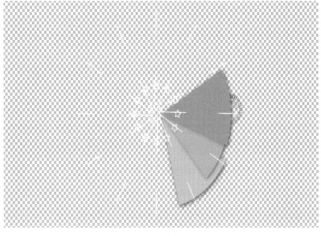

图 1-36

- ：在建立了摄像机并打开了 3D 图层时，可以通过该图标进入不同摄像机视图，单击该图标会显示菜单，如图 1-37 所示。
- ：该图标可以在"合成"面板中显示多个视图。单击该图标会弹出菜单，如图 1-38 所示。

图 1-37

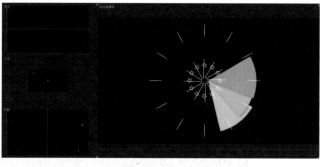

图 1-38

在"合成"面板的空白处单击鼠标右键，可以弹出一个菜单，如图 1-39 所示。

图 1-39

- 新建：可以用来新建一个"合成""固态层""灯光""摄像机层"等。
- 合成设置：可以打开"合成设置"对话框。
- 在项目中显示合成：可以把合成层显示在"项目"面板中。
- 重命名：对相应对象进行重命名。
- 在后台缓存工作区域：在后台缓存工作区域中的内容，加快读取速度。

1.2.5　时间轴面板

"时间轴"面板是用来编辑素材的最基本面板，主要功能为管理层的顺序、设置关键帧等。大部分关键帧特效都在这里完成。在该面板中素材的时间长短、在整个影片中的位置等，都在该面板中显示，特效应用的效果也会在该面板中得以控制。所以说，"时间轴"面板是 After Effects 中用于组织各个合成图像或场景元素的最重要的工作窗口。在后面的章节中，我们会详细介绍该面板的使用方法，如图 1-40 所示。

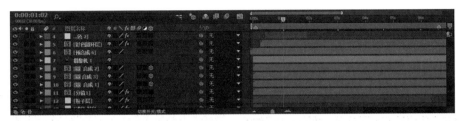

图 1-40

其中左下角的三个图标 ▣▣▣ 能展开或折叠"时间轴"面板的相关属性。

● ▣：该图标可以展开或折叠"图层开关"选项组，如图 1-41 所示。

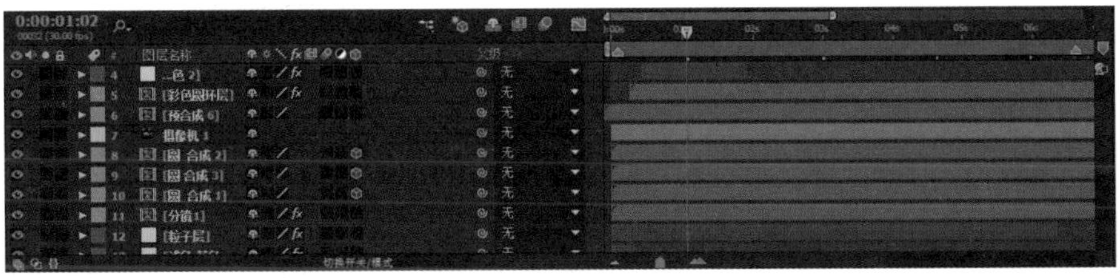

图 1-41

● ▣：该图标可以展开或折叠"转换控制"选项组，如图 1-42 所示。

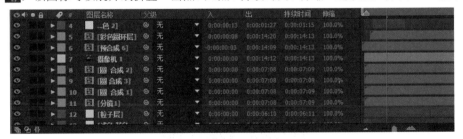

图 1-42

● ▣：该图标可以展开或折叠"出点 / 入点 / 持续时间 / 伸缩"选项组，如图 1-43 所示。

图 1-43

1.2.6 其他功能面板介绍

After Effects 界面的右侧，折叠了多个功能面板，这些功能面板都可以在"窗口"菜单中控制显示或者隐藏，用户可以根据不同的项目，自由选择、调换相关功能面板，下面将介绍一些常用的功能面板。

预览面板：该面板的主要功能是控制播放素材的方式，用户可以以 RAM 方式预览，使画面变得更加流畅，但一定要保证有很大的内存空间作为支持，如图 1-44 所示。

信息面板：该面板会显示鼠标所在位置的图像颜色和坐标信息，默认状态下该面板为空白状态，只有鼠标在"合成"面板和"图层"面板中时才会显示内容，如图 1-45 所示。

图 1-44   图 1-45

音频面板：显示音频的各种信息。该面板没有太多的选项，只有对声音的级别控制和级别单位，如图 1-46 所示。

效果和预设面板：该面板中包括了所有的滤镜效果，如果要为某层添加滤镜效果，可以直接在这里选择，与"效果"菜单的滤镜效果相同。"效果和预设"面板中有"动画预设"选项，是 After Effects 自带的一些成品动画效果，可以供用户直接使用。"效果和预设"面板为我们提供了上百种滤镜效果，通过滤镜能对原始素材进行各种方式的变换调整，创造出惊人的视觉效果，如图 1-47 所示。

图 1-46

图 1-47

字符面板：该面板中包含了文字的相关属性，包括文字的大小、字体、行间距、字间距、粗细、上标和下标等，如图 1-48 所示。

图 1-48

1.3　After Effects 工作流程介绍

　　在本节中，我们将系统地介绍 After Effects CC 2015 的基本运用方式，包括素材的导入、合成设置、图层与动画的概念、视频的导出和一些能够优化工作环境的相关步骤，通过本节的学习，大家能够初步熟悉软件的操作方法，为后续章节的深入学习奠定基础。

1.3.1　素材导入

　　"文件"菜单下的"导入"命令主要用于导入素材，二级菜单中有 5 种不同的导入素材形式。After Effects 并不是真的将源文件复制到项目中，只是在项目与导入文件间创建一个文件替身。After Effects 允许用户导入素材的范围非常宽广，对常见的视频、音频和图片等文件格式支持率很高。特别是对 Photoshop 的 PSD 文件，After Effects 提供了多层选择导入功能，可以针对 PSD 文件中图层的关系，选择多种导入模式，如图 1-49 所示。

图 1-49

● 文件 ...：导入一个或多个素材文件。执行"文件"命令会弹出"导入文件"对话框，选中需要导入的文件，单击"导入"按钮，素材将被作为一个素材导入项目，如图 1-50 所示。

图 1-50

● 多个文件 ... ：用于多次性导入一个或多个素材文件。单击"完成"按钮用户可以结束导入
过程，如图 1-51 所示。

图 1-51

用户导入 Photoshop 的 PSD 文件、Illustrator 的 AI 文件等，系统会保留图像的所有信息。
用户可以将 PSD 文件以合并图层的方式导入到 After Effects 项目中，也可以单独导入 PSD 文件
中的某个图层。这也是 After Effects 的优势所在，如图 1-52 所示。

用户也可以将一个文件夹导入项目。单击对话框右下角的"导入文件夹"按钮，导入整个文件
夹中可以导入的素材，如图 1-53 所示。

图 1-52

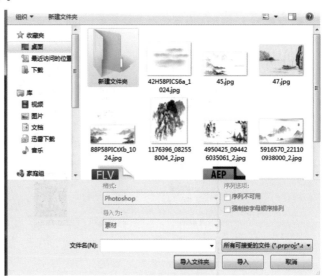

图 1-53

有时素材以图像序列帧的形式存在，这是一种常见的视频素材保存形式，文件由多个单帧图像
构成，快速浏览时可以形成流畅的视频画面，这也是视频播放的基本原理。图像序列帧的命名是连

续的，用户在导入文件时不必选中所有的文件，只需要选中首个文件，并勾选对话框左下角的导入序列选项即可（如"JEPG 序列""Targa 序列"等），如图 1-54 所示。

图像序列帧的命名是有一定规范的，对于不是非常标准的序列文件来说，用户可以按字母顺序导入序列文件，导入时勾选"强制按字母顺序排列"复选框即可，如图 1-55 所示。

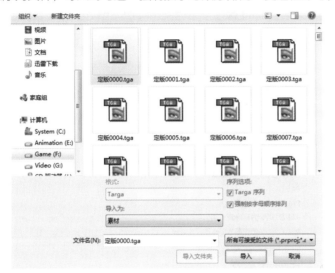

图 1-54　　　　　　　　　　　　　　　　图 1-55

1.3.2　合成设置详解

After Effects 的正式编辑工作必须在一个合成中进行，合成类似于 Premiere 中的序列。如果是新工作需要新建一个合成，并且设置一些相关的参数，才能真正开始编辑工作，执行"合成→新建合成"命令（快捷键 Ctrl+N），会弹出"合成设置"对话框，如图 1-56 所示。

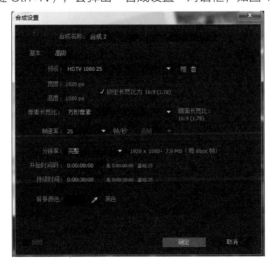

图 1-56

● 合成名称：对合成进行命名，可以方便后期合成的管理。

- 预设：针对一些特定的平台做了一系列预先设置，在这里可以根据视频需要投送的平台选择相应的预设，当然可以不选择预设，自定义合成设置。目前各国的电视制式不尽相同，制式的区分主要在于其帧频（场频）、分解率、信号带宽及载频、色彩空间的转换关系不同等。世界上现行的彩色电视制式有三种：NTSC（National Television System Committee）制（简称 N 制）、PAL（Phase Alternation Line）制和 SECAM 制，如图 1-57 所示。

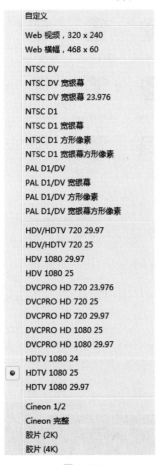

图 1-57

- 宽度：设置视频的宽度，单位是"像素"。
- 高度：设置视频的高度，单位是"像素"。
- 锁定长宽比：勾选该选项后，调整视频的宽度或高度时，另外一个参数会根据长宽比进行相应的调整。
- 像素长宽比：这里设置像素的长宽比，计算机默认的像素是正方形像素，但是电视等其他平台的像素并不是正方形像素而是矩形的，这里要根据影片的最终投放平台来选择相应的长宽比。不同制式的像素比是不同的，在计算机显示器上播放的像素比是 1:1，而在电视上，以 PAL 制式为例，像素比是 1:1.07，这样才能保持良好的画面效果。如果用户在 After Effects 中导入的素材是由 Photoshop 等其他软件制作的，一定要保证像素比的一致。在建立 Photoshop 文件时，可以对像素比进行设置，如图 1-58 所示。

- 帧速率：指单位时间内，视频刷新的画面数，我国使用的电视制式是 Pal 制，默认帧速率是 25 帧；欧美地区用的是 NTSC 制，默认帧速率 29.97 帧。在三维软件中制作动画时就要注意影片的帧速率，After Effects 中如果导入素材与项目的帧速率不同会导致素材的时间发生变化。
- 分辨率：指预览的画质，通过降低分辨率，可以提高预览画面的效率，如图 1-59 所示。

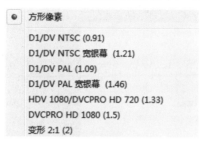

图 1-58

图 1-59

- 开始时间码：指合成开始的时间点，默认为 0，如图 1-60 所示。
- 持续时间：合成的长度，这里的数字从右到左依次表示帧、秒、分、时，如图 1-61 所示。

图 1-60

图 1-61

单击"确定"按钮，合成创建完毕，随后"时间轴"面板会被激活，可以开始进行编辑合成的工作了，如图 1-62 所示。

图 1-62

1.3.3　图层的概念

Adobe 公司发布的图形软件中，都对"图层"的概念有着很好的诠释，大部分读者都有使用 Photoshop 或 Illustrator 的经历，在 After Effects 中图层的概念与之大致相同，只不过 Photoshop 中的图层是静止的，而 After Effects 中的图层大部分用来实现动画效果，所以与图层相关的大部分命令都为了使图层的动画更加丰富。After Effects 的图层所包含的元素远比 Photoshop 的图层所能包含的丰富得多，不仅是图像素材，还包括了声音、灯光、摄影机，等等。即使读者是第一次接触到这种处理方式，也能很快上手。我们在生活中见过一张完整图片，放到软件中处理时都会将画面上不同的元素分到不同的图层上。例如一张人物风景图，远处的山是远景，放在远景层；中间的湖泊是中景，放到中景层；近处的人物是近景，放在近景层。为什么要把不同元素分开而不是统一到一个图层呢？这样的好处在于给作者更大的空间去调整素材之间的关系。当作者完成一幅作品后发现人物和背景位置不够理想时，传统绘画只能重新绘制，而不可能把人物部分剪下来贴到另外一边去。而在 After Effects 软件中，各种元素是分层的，当发现元素位置搭配不理想时，是可以任意调整的。特别是在影视动画制作过程中，如果将所有元素放在一个图层中，工作量是十分巨大的。传统动画片是将背景和角色分别绘制在透明塑料片上，然后叠加上去拍摄，软件中的图层概念就是从这里来的，如图 1-63 所示。

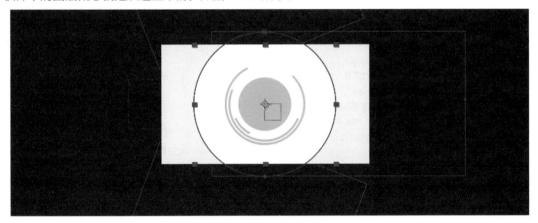

图 1-63

在 After Effects 中图层相关的操作都在"时间轴"面板中进行，所以层与时间是相互关联的，所有影片的制作都是建立在对素材的编辑中的。After Effects 中包括素材、摄像机、灯光和声音都以图层的形式在"时间轴"面板中出现，图层以堆栈的形式排列，灯光和摄像机一般会在图层的最上方，因为它们要影响下面的图层，位于最上方的摄像机将是视图的观察镜头，如图 1-64 所示。

图 1-64

1.3.4 关键帧动画的概念

动画是基于人的视觉原理来创建的运动图像。当我们观看一部电影或电视节目时，我们会看到画面中的人物或场景都是顺畅、自然的，而实际上看到的画面却是一格格的单幅画面。之所以看到顺畅的画面，是因为人的眼睛会产生视觉暂留现象，对上一幅画面的感知还没消失下一幅画面又会出现，就会给人动的感觉。在短时间内观看一系列相关联的静止画面时，人们就会将其视为连续的动作。

关键帧是一个从动画制作中引入的概念，即在不同时间点对对象属性进行调整，而时间点间的变化由计算机生成。我们制作动画的过程中，要首先制作能表现出动作主要意图的关键动作，这些关键动作所在的帧，就叫作"关键帧"。制作二维动画时，由动画师画出关键动作，助手填充关键帧间的动作。在 After Effects 中是由系统帮助用户完成这个繁琐的过程的，如图 1-65 所示。

图 1-65

1.3.5　视频导出设置

当视频编辑制作完成之后，就需要进行视频导出工作，After Effects 支持多种常用格式的输出，并且有详细的输出设置选项，通过合理的设置，能输出高质量的视频。执行"合成→添加到渲染列队"命令（快捷键 Ctrl+M），将做好的合成添加到渲染列队中，准备进行渲染导出工作。"时间轴"面板会跳转成渲染列队，如图 1-66 所示。

图 1-66

单击"输出模块"旁的蓝色文字"无损"，会弹出"输出模块设置"对话框，如图 1-67 所示。

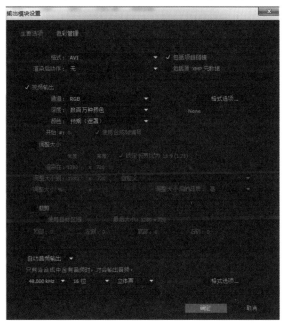

图 1-67

● 格式：这里可以选择输出的视频格式。我们经常输出的是 AVI 和 QuickTime 两种格式，如图 1-68 所示。

图 1-68

熟悉常见的视频格式是后期制作的基础，下面介绍 After Effects 相关的视频格式。

AVI 格式

英文全称为 Audio Video Interleaved，即音频视频交错格式。它在 1992 年由 Microsoft 公司推出，随 Windows 3.1 一起被人们所认识和熟知。所谓"音频视频交错"，就是可以将视频和音频交织在一起进行同步播放。这种视频格式的优点是图像质量好，可以跨多个平台使用，但是其缺点是体积过于庞大，而且压缩标准不统一。这是一种 After Effects 常见的输出格式。

MPEG 格式

英文全称为 Moving Picture Expert Group，即运动图像专家组格式。MPEG 文件格式是运动图像压缩算法的国际标准，它采用了有损压缩方法从而减少运动图像中的冗余信息。MPEG 的压缩方法说得更加深入些就是保留相邻两幅画面绝大多数相同的部分，而把后续图像中和前面图像有冗余的部分去除，从而达到压缩的目的。目前常见的 MPEG 格式有三个压缩标准，分别是 MPEG-1、MPEG-2 和 MPEG-4。

MPEG-1：制定于 1992 年，它是针对 1.5Mbps 以下数据传输率的数字存储媒体运动图像及其伴音编码而设计的国际标准。也就是我们通常所见到的 VCD 制作格式。这种视频格式的文件扩展名包括 .mpg、.mlv、.mpe、.mpeg 及 VCD 光盘中的 .dat 等。

MPEG-2：制定于 1994 年，设计目标为高级工业标准的图像质量，以及更高的传输率。这种格式主要应用在 DVD/SVCD 的制作（压缩）方面，同时在一些 HDTV（高清晰电视广播）和一些高要求视频编辑、处理上也有相当多的应用。这种视频格式的文件扩展名包括 .mpg、.mpe、.mpeg、.m2v 及 DVD 光盘上的 .vob 等。

MPEG-4：制定于 1998 年，MPEG-4 是为了播放流式媒体的高质量视频而专门设计的，它可以利用很窄的带度，通过帧重建技术，压缩和传输数据，以求使用最少的数据获得最佳的图像质量。MPEG-4 最有吸引力的地方在于它能够保存接近于 DVD 画质的小体积视频文件。这种视频格式的文件扩展名包括 .asf、.mov 和 DivX 、AVI 等。

MOV 格式

美国 Apple 公司开发的一种视频格式，默认的播放器是该公司的 QuickTime Player。其具有较高的压缩比率和较完美的视频清晰度等特点，但是其最大的特点还是跨平台性，即不仅能支持 Mac OS 操作系统，同样也能支持 Windows 系列操作系统。这是一种 After Effects 常见的输出格式。可以得到文件很小，但画面质量很高的影片。

ASF 格式

英文全称为 Advanced Streaming format，即高级流格式。它是微软为了和现在的 Real Player 竞争而推出的一种视频格式，用户可以直接使用 Windows 自带的 Windows Media Player 对其进行播放。由于它使用了 MPEG-4 的压缩算法，所以压缩率和图像的质量都很不错。

> **提示**
>
> After Effects 除了支持 WAV 的音频格式，也支持我们常见的 MP3 格式，可以将该格式的音乐素材导入使用。在选择影片储存格式时，如果影片要在公众前播出，一定要保存为无压缩的格式。

- 渲染后动作：这里可以将渲染完的视频作为素材或者作为代理带入 After Effects 中，如图 1-69 所示。
- 通道：这里可以设置视频是否带有 alpha 通道，但只有特定的格式才支持，如图 1-70 所示。

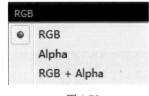

图 1-69　　　　　　　　　　　图 1-70

- 格式选项：这里可以详细设置视频的编码、码率等参数，如图 1-71 所示。
- 调整大小：可以设置视频输出后的尺寸，这里默认输出的是合成原大小，勾选该选项后可以进行详细设置，如图 1-72 所示。

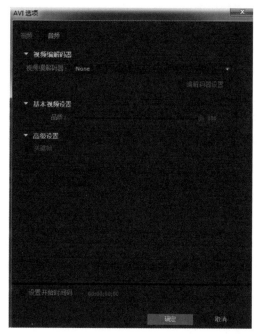

图 1-71   图 1-72

● 裁剪：这里可以裁剪画面尺寸，如图 1-73 所示。

图 1-73

● 自动音频输出：这里能进行输出音频的相关设置，如图 1-74 所示。

图 1-74

完成视频输出模块的设置后，单击"确定"按钮，回到渲染列队。单击 输出到： 时间显定 按钮可以设置文件输出的位置。单击"渲染"按钮，即可开始渲染工作，在渲染结束时会播放声音作为提示，如图 1-75 所示。

图 1-75

提示

在选择输出模式后，不要轻易改变输出格式的设置，除非你非常熟悉该格式，必须修改设置才能满足播放的需要，否则细节上的修改可能会影响播出时的画面效果。每种格式都对应相应的播出设备，各种参数的设定也都是为了满足播出的需要。不同的操作平台和不同的素材都对应不同的编码解码器，在实际的应用中选择不同的压缩输出方式，将会直接影响到整部影片的画面效果。所以选择解码器一定要注意不同的解码器对应不同的播放设备，在共享素材时一定要确认对方可以正常播放。最彻底的解决方法就是连同解码器一起传送过去，可以避免因解码器不同而造成的麻烦。

1.3.6 After Effects 高速运行

After Effects 的运行对计算机有较高的要求，制作工程项目过于复杂，计算机配置相对较差，都会影响工作效率。通过一些简单的设置，则可以提高软件的运行效率。

执行"编辑→首选项→媒体和磁盘缓存 ..."命令，弹出"首选项"对话框（该对话框可以更改软件的默认设置，所以要谨慎修改），这里可以设置 After Effects 的缓存目录，建议缓存文件夹设置在 C 盘之外的一个空间较大的磁盘分区中，如图 1-76 和图 1-77 所示。

图 1-76

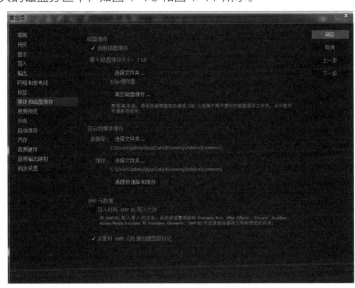

图 1-77

After Effects 工作一段时间之后会产生大量的缓存文件，从而影响计算机的工作效率，经常清理缓存，能提高软件的运行速度；执行"编辑→清理→所有内存与磁盘缓存"命令，能清理 After Effects 运行所产生的缓存文件，释放内存与磁盘缓存。如果正在预览内存渲染中的画面，则不要清理，如图 1-78 所示。

图 1-78

1.4 流程实例

下面通过一个简单的实例，从素材导入、制作简单的动画效果，到最后的文件输出，让初学者对后期制作软件有一个基本的认识。任何一个复杂操作都不能回避这一过程，因此掌握 After Effects CC 的导入、编辑和输出方法将为我们的具体工作打下坚实的基础。

01 执行"文件→新建→新建项目"命令，创建一个新的项目。与旧版本软件不同，当 After Effects CC 2015 打开时，默认建立了一个新的项目，不过该项目内为空。

02 执行"合成→新建合成"命令，在弹出的"合成设置"对话框中，对新建合成进行设置。一般我们需要对合成视频的尺寸、帧数、时间长度做预设置，如图 1-79 所示。

03 单击"合成设置"对话框中的"确定"按钮，建立一个新的合成影片。

04 执行"文件→导入→文件 ..."命令，选择 4 张图片素材（导入素材的技巧会在"文件"菜单的章节中详细讲解），如图 1-80 所示。

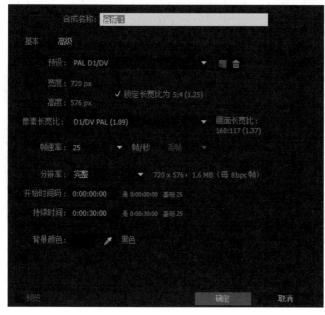

图 1-79 图 1-80

05 我们看到在"项目"面板中添加了 4 个图片文件，按下 Shift 键选中这 4 个文件，将其拖入"时间轴"面板，图像将被添加到合成影片中，如图 1-81 所示。

图 1-81

06　有时导入的素材和合成影片的尺寸不同，需要把它调整到适合画面的大小，选中需要调整的素材，按下快捷键 Ctrl + Alt + F，图像四个角和四个边的中心出现一个灰色小方块，这是用来调整图像的控制手柄。单击拖曳控制手柄将素材调整到适合窗口的大小，如图 1-82 和图 1-83 所示。

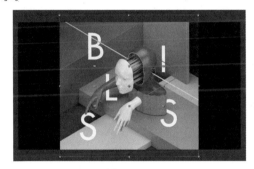

图 1-82

图 1-83

07　在"合成"面板中单击▦（安全区域）图标，弹出菜单，如图 1-84 所示。

08　勾选"标题／动作安全"选项，打开安全区域，如图 1-85 所示。

图 1-84

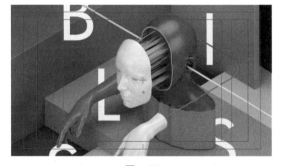

图 1-85

> **提示**
>
> 　　无论是初学者还是专业人士，打开安全区域是一个非常重要且必需的过程。两个安全框分别是"标题安全框"和"动作安全框"，影片的内容一定要保持在动作安全框以内，因为在电视播放时，屏幕将不会显示安全框以外的图像，而画面中出现的文字一定要保持在标题安全框内，否则可能会出现裁切或变形现象。

09 我们要做一个幻灯片播放的简单效果，每秒播放一张图片，最后一张渐隐淡出。为了准确设置时间，按下快捷键 Alt + Shift+J，弹出"转到时间"对话框，将数值改为 0:00:00:00，如图 1-86 所示。

图 1-86

10 单击"确定"按钮，"时间轴"面板中的时间指示器会调整到 01s 的位置，如图 1-87 所示。

图 1-87

提示

这一步也可以用鼠标完成，选中时间指示器并移动到合适的位置，但是在实际的制作过程中，对时间的控制是需要相对准确的，所以在"时间轴"面板中的操作尽量使用快捷键，这样可以使画面与时间准确对应。

11 选中素材 01.jpg 所在的层，按下快捷键【 】】，设置素材的出点在时间指示器所在的位置。用户也可以使用鼠标完成这一操作，选中素材层，拖曳鼠标调整到时间指示器所在的位置，如图 1-88 所示。

图 1-88

12 依照上述步骤，每间隔 1s，将素材依次排列，素材 04.jpg 不用改变其位置，如图 1-89 所示。

图 1-89

13 选中素材 04.jpg，单击 04.jpg 文件前的小三角图标，展开素材的"变换"属性，如图 1-90 所示。

图 1-90

14 单击"变换"旁的小三角图标，可以展开该素材的各个属性（每个属性都可以制作相应的动画），如图 1-91 所示。

图 1-91

15 下面要使素材 04.jpg 渐渐消失，也就是改变其不透明度。单击不透明度属性前的码表图标，此时时间指示器所在的位置会在不透明度属性上添加一个关键帧，如图 1-92 所示。

图 1-92

16 将移动时间指示器移到 0:00:04:10 的位置，然后调整"不透明度"参数为 0%，同样，时间指示器所在的位置会在不透明度属性上添加一个关键帧，如图 1-93 所示。

图 1-93

 提示

当我们单击码表图标后，After Effects CC 将自动记录我们对该属性的调整，并创建关键帧。再次单击码表图标将取消关键帧设置。调整属性里的数值有两种方式，第一种是，直接单击数值，数值将可以被修改，在文本框中输入需要的数值；第二种是，当鼠标移动到数值上时，按住右键拖曳鼠标，即可以滑轮的方式调整数值。

17 单击"预览"面板中的 ▶ （RAM 预览）按钮预览影片。在实际的制作过程中，制作者会反复预览影片，以确保每一帧都不会出现错误。

18 预览影片没有什么问题即可输出。执行"合成→添加到渲染队列"命令，或者按快捷键 Ctrl + M，弹出"渲染队列"对话框。如果用户是第一次输出文件，After Effects 将要求用户指定输出文件的保存位置，如图 1-94 所示。

图 1-94

19 与 After Effects 6.5 之前版本不同，新版本软件的"渲染队列"对话框会与"时间轴"面板在同一个区域里显示。单击"输出到"选项旁边的文件名 �(输出到:▼ 尚未存取) ，可以选择保存路径，单击"渲染"按钮完成输出。"渲染队列"对话框中的其他设置会在以后的章节中详细讲解。

20 输出的影片文件有各种格式，但都不能保存 After Effects 中编辑的所有信息，如果以后还需要编辑该文件，要保存为 After Effects 软件的格式——AEP（After Effects Project）格式，但这种格式只是保存了 After Effects 对素材编辑的命令和素材所在位置的路径，也就是说如果把保存好的 AEP 文件改变了路径，再次打开时软件将无法找到原有素材。如何解决这个问题呢？"收集文件 ..."命令可以把所有的素材收集到一起，非常方便。下面我们就把基础实例的文件收集保存。执行"文件→整理工程（文件）→收集文件 ..."命令，如果你没有保存文件，会弹出警告对话框，提示必须先保存文件，单击"保存"按钮同意保存，如图 1-95 所示。

图 1-95

21 弹出"收集文件"对话框，如图 1-96 所示。收集后的文件大小会显示出来，要注意存放文件的硬盘是否有足够的空间，这点很重要，因为编辑后的所有素材会变得很多，一个 30 秒的复杂特效影片文件将会占用 1G 左右的硬盘空间，高清影片或电影将更为庞大，准备一块海量硬盘是必需的。

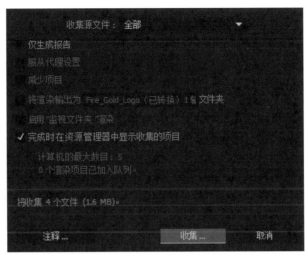

图 1-96

通过这个简单的实例，我们学习了如何将素材导入 After Effects、编辑素材的属性、预览影片效果，以及输出成片的方法。

第 2 章

二维动画

在本章中会详细介绍 After Effects 中二维空间动画创建的概念与应用。而创建动画一切的操作都围绕层展开，层不仅仅和动画时间紧密相连，也是调整画面效果的关键；遮罩是控制画面效果的必要手段，灵活地运用遮罩可以制作出复杂的动画。层与遮罩是密不可分的，遮罩的效果是建立在层的基础之上的，熟悉和掌握这一概念是学习 After Effects 的基础。

2.1 图层的概念

Adobe 公司发布的图形软件中，都对图层的概念有着很好的诠释，大部分读者都有使用 Photoshop 或 Illustrator 的经历，在 After Effects 中图层的概念与之大致相同，只不过 Photoshop 中的图层是静止的，而 After Effects 的图层大部分用来实现动画效果，所以与图层相关的大部分命令都为了使图层的动画更加丰富。After Effects 的图层所包含的元素远比 Photoshop 的图层所能包含的元素丰富，不仅是图像素材，还包括了声音、灯光、摄影机等。即使读者是第一次接触到这种处理方式，也能很快上手。我们在生活中见过一张完整图片，放到软件中处理时都会将画面上的不同元素分到不同的图层上面去，如图 2-1 所示。

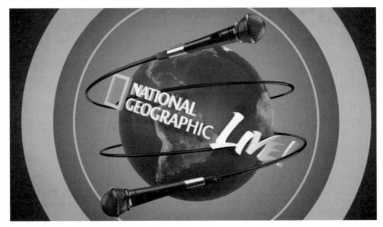

图 2-1

在 After Effects 中图层相关的操作都在"时间轴"面板中进行，所以图层与时间是相互关联的，所有影片的制作都是建立在对素材的编辑上，After Effects 中包括的素材、摄像机、灯光和声音都以图层的形式在"时间轴"面板中出现。图层以堆栈的形式排列，灯光和摄像机一般会在图层的最上方，因为它们要影响下面的图层，位于最上方的摄像机将是视图的观察镜头，如图 2-2 所示。

图 2-2

2.2 时间轴面板介绍

After Effects 中关于图层的大部分操作都是在"时间轴"面板中操作的。它以图层的形式把素材逐一摆放，同时可以对每个图层进行位移、缩放、旋转、创建关键帧、剪切、添加效果等操作。"时间轴"面板在默认状态下是空白的，只有在导入一个合成素材时才会显示出来。

2.2.1 时间轴面板的基本功能

"时间轴"面板的功能主要是控制合成中各种素材之间的时间关系，素材与素材之间是按照层的顺序排列的，每个层的时间条长度代表了这个素材的持续时间。用户可以对每层的素材设置关键帧和动画属性。我们先从它的基本区域入手，如图 2-3 所示。

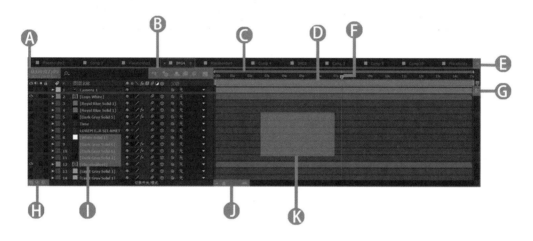

图 2-3

- A：这里显示的是合成中时间指针所在的时间位置，通过单击此处直接输入时间指示器所要指向的时间节点，可以输入一个精确的数字来移动时间指针的位置；后面显示的是合成的帧数，以及帧速率，如图 2-4 所示。
- B：该区域拥有一些功能图标。
  - ➢ [🔍|]：在"时间轴"面板中查找素材，用户可以通过名字直接搜索到素材。
  - ➢ ▦：打开迷你"合成微型流程图"面板，如图 2-5 所示。

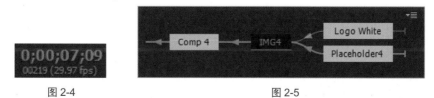

图 2-4   图 2-5

  - ➢ ▤：该图标是用来控制是否显示草图 3D 功能的。
  - ➢ ▤：该图标可以用来显示或隐藏"时间轴"面板中处于"消隐"状态的图层。"消隐"

状态是 After Effects 给图层的显示状态定的一种拟人化的名称。通过显示和隐藏图层功能来限制显示图层的数量，简化工作流程，提高工作效率，如图 2-6 和图 2-7 所示。

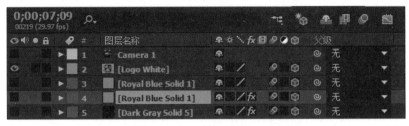

图 2-6（"小人"缩下去的图层为消隐层）

图 2-7（按下隐藏消隐图层图标）

➢ ▇：" 帧混合 " 总图标，它可以控制是否在图像刷新时启用 " 帧混合 " 效果。一般情况下，应用帧混合时只会在需要的层中打开 " 帧混合 " 总图标，因为打开总的帧混合图标会降低预览的速度。

提示

当使用了 Time-Stretch 或者 Time-Remap 后，可能会使原始动画的帧速率发生改变，而且会产生一些意想不到的效果，此时即可使用帧混合对帧速率进行调整。

➢ ▇：" 运动模糊 " 图标可以控制是否在 " 合成 " 面板中应用 " 运动模糊 " 效果。在素材层后面单击▇图标，这样就给该图层添加了运动模糊，用来模拟电影中摄影机使用的长胶片曝光效果。

➢ ▇：" 自动关键帧 " 图标在激活时，如果修改图层的属性可以自动记录并建立关键帧。

➢ ▇：该图标可以快速进入 " 曲线编辑 " 面板，该面板可以方便地对关键帧进行属性操作，如图 2-8 所示。

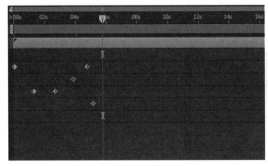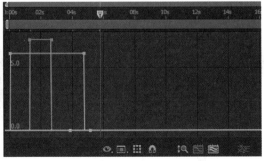

图 2-8

- C：这里的两个小黄箭头用来指示时间导航器的起始和结束位置，通过拖曳黄点可以将时间指示器进行缩放，该操作会被经常使用。
- D：这里属于工作区域，其前、后的蓝色标记可以拖曳，用来控制预览或渲染的时间区域，如图 2-9 所示。

图 2-9

- E：该三角形的图标是菜单图标，单击可以弹出一个菜单，用来管理"时间轴"面板的显示效果，如图 2-10 所示。

显示缓存指示器：这一项可以显示或隐藏时间标尺下面的缓存标记，它为绿色，如图 2-11 所示。

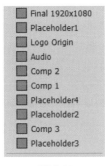

图 2-10

图 2-11

隐藏消隐图层：隐藏或显示消隐层。

启动帧混合：启用或关闭帧混合功能。

启动运动模糊：启用或关闭运动模糊。

实时更新：打开或关闭动态预览。

草图 3D：打开或关闭草图 3D 效果。

使用关键帧图标：关键帧显示为标记，如图 2-12 所示。

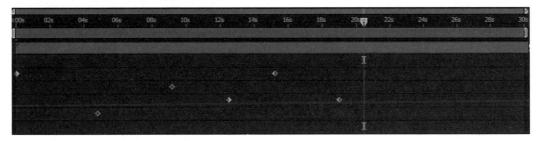

图 2-12

- F：这里是时间指针，它是一个蓝色的小三角形，下面连接一条红色的线，可以很清楚地辨别时间指针在当前时间标尺中的位置。在蓝色三角形的上面还有一个红色的小线条，它表示当前时间在导航栏中的位置，如图 2-13 所示。

图 2-13

导航栏中的蓝色标记都是可以用鼠标拖曳的，这样就很方便于控制时间区域的开始和结束位置；对时间指针的操作，可以用鼠标直接拖曳，也可以直接在时间标尺的某个位置单击，使时间指针移动到相应的位置。

 提示

除了鼠标拖曳外，最有效且最精准移动时间指针的方法是使用对应的快捷键。下面介绍一些常用的控制指针快捷键。

Home 键是将时间指针移动到第一帧；End 键是将时间指针移动到最后一帧；Page Up 键是将时间指针移动到当前位置的前一帧；Page Dow 键是将时间指针移动到当前位置的后一帧；Shift+Page Up 键是将时间指针移动到当前位置的前 10 帧；Shift+Page Down 键是将时间指针移动到当前位置的后 10 帧；Shift+Home 键是将时间指针移动到工作区的开头 In 点上；Shift+Home 键是将时间指针移动到工作区的结尾 Out 点上。

- G：图标用来打开"时间轴"面板所对应的"合成"面板。
- H："时间轴"面板左下角的图标，用来打开或关闭一些常用的面板。当我们将这些开关都打开时，"时间轴"面板中显示大部分我们需要的数据，这样虽然非常直观，但是却牺牲了宝贵的操作空间，时间条的显示几乎全部被覆盖了。我们将在后面的章节具体介绍如何按照需要合理安排这些开关。

  ➤ ：打开或关闭"图层开关"区域，如图 2-14 所示。

图 2-14

  ➤ ：打开或关闭 Modes 区域。按下快捷键 F4 也可以快速切换到该区域，如图 2-15 所示。

图 2-15

  ➤ ：打开或关闭"入""出""持续时间"和"伸缩"参数区域。"时间伸缩"最主要的功能是对图层进行时间反转，产生条纹效果，如图 2-16 所示。

图 2-16

● I：该区域是"时间轴"面板的功能区，共有 13 个分类，在默认状态下只显示几个常用分类，并不会完全显示，如图 2-17 所示。

图 2-17

在每个分类的上方单击鼠标右键，或者面板菜单都可以打开用来控制功能区域显示的菜单，如图 2-18 所示。下面对这些功能区域逐一进行介绍。

图 2-18

➢ A/V 功能：该区域可以对素材进行隐藏、锁定等操作，如图 2-19 所示。

图 2-19

- ■ 👁：该图标可以控制素材在合成中的显示或隐藏。
- ■ 🔊：该图标可以控制音频素材在预览或渲染时是否起作用。

- ■ ■：该图标可以控制素材的单独显示。
- ■ ■：该图标用来锁定素材，锁定的素材不能进行编辑。
- ➤ 标签：该区域显示素材的标签颜色，它与"项目"面板中的标签颜色相同。当我们处理一个合作项目时，合理使用标签颜色就变得非常重要，一个小组往往会有一个固定的标签颜色对应方式，例如红色用于非常重要的素材，绿色对应音频，这样能很快找到需要的素材类型，并很快从中找出需要的素材。在使用颜色标签时，不同种类素材尽量使用对比强烈的颜色，同类素材可以使用相近的颜色，如图 2-20 所示。
- ➤ #：该区域显示的是素材在合成中的编号。After Effects 中的图层索引号一定是连续的数字，如果出现前后数字不连贯的现象，则说明在这两个层之间有隐藏图层。当知道需要的图层编号时，只需要按数字键盘上对应的数字键就能快速切换到对应的图层上。例如按数字键盘上的 9 键，将直接选择编号为 9 的图层。如果图层的编号为双数或三位数，则只需要连续按对应的数字键即可切换到对应图层上。例如编号为 13 的图层，先按下数字键盘上的 1 键，After Effects 先响应该操作，切换到编号为 1 的图层上，然后按下 3 键，After Effects 将切换到编号中有 1 但随后数字为 3 的图层。需要注意的是，输入两位和两位以上的图层编号时，输入连续数字的时间间隔不要多于 1 秒，否则 After Effects 将认为第二次输入的数字为重新输入。例如，按数字键盘上的 1 键，然后间隔 3 秒再按 5 键，After Effects 将切换到编号为 5 的图层，而不是切换到编号为 15 的图层上，如图 2-21 所示。
- ➤ 图层名称：用来显示素材的图标、名称和类型，如图 2-22 所示。
- ➤ 注释：该区域是注解用的，单击可以在其中输入要注解的文字，如图 2-23 所示。

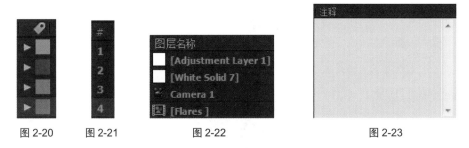

图 2-20　　　图 2-21　　　　　图 2-22　　　　　　　　　　图 2-23

- ➤ 开关：该区域是转换功能区，它可以控制图层的显示和性能，如图 2-24 所示。

图 2-24

- ■ ■：消隐层图标，它可以设置图层的消隐属性，通过"时间轴"面板上方的■图标来隐藏或显示该层。如果只是把需要隐藏图层的"消隐"开关图标激活是无法产生隐藏效果的，必须要在激活“时间轴”面板上方的 Shy 开关总图标的情况下，单个图层的消隐功能才能产生效果。

- ■ ☀：该图标是矢量编译功能开关，可以控制合成中的使用方式和嵌套质量，并且可以将 Adobe Illustrator 矢量图像转化为像素图像。

- ■ ◥：该图标用来控制素材的显示质量，◥为草图，◢为最好质量。特别是对大量素材同时进行缩放和旋转时，调整质量开关能有效提高效率。

- ■ fx：该图标可以关闭或打开图层中的滤镜效果。当我们给素材添加滤镜效果时，After Effects 将对素材滤镜效果进行计算，这将占用大量的 CPU 资源。为提高效率，减少处理时间，有时需要关闭一些图层的滤镜效果。

- ■ ▤：这个是帧混合的图标，可以为素材添加帧混合功能。

- ■ ◉：运动模糊图标，可以为素材添加动态模糊效果。

- ■ ◑：该图标可以开启或关闭调整层，开启时可以将原素材转化为调整层。

- ■ ◷：3D 图层图标，可以转化该图层为 3D 层。转化为 3D 层后，将能在三维空间中移动和修改。

➢ 模式：该区域可以设置图层的叠加模式和轨迹遮罩类型，如图 2-25 所示。“模式”栏下的是叠加模式；T 栏下可以设置保留该图层的不透明度；TrkMat 栏下的是轨迹遮罩菜单。

➢ 父级：该区域可以指定一个图层为另一个图层的父层，在对父层进行操作时，子层也会相应变化，如图 2-26 所示。

提示

在父级区域中有两栏，分别有两种父子连接的方式。第一个是拖曳一个图层的◉图标到目标层，这样原图层就成为目标层的父层；第二个是在后面的下拉列表中选择一个图层作为父层。

➢ 键：该区域可以为用户提供一个关键帧操纵器，通过它可以为层的属性定义关键帧，还可以使时间指针快速跳到下一个或上一个关键帧处，如图 2-27 所示。

图 2-25

图 2-26

图 2-27

提示

在“时间轴”面板中不显示 Keys 区域时，打开素材的属性折叠区域，在 A/V Features 面板下方也会出现关键帧操纵器。

➢ 入：该区域可以显示或改变素材层的切入时间，如图 2-28 所示。

➢ 出：该区域可以显示或改变素材层的切出时间，如图 2-29 所示。

图 2-28   图 2-29

提示

　　如果需要将图层的 In 点快速准确地移动到当前时间点，最佳方法是使用键盘上的 [键，将出点对位到当前时间点的快捷键是] 键。

➢ 持续时间：该面板可以用来查看或修改素材的持续时间，如图 2-30 所示。在数字上单击，会弹出"时间伸缩"对话框，在该对话框中可以精确设置层的持续时间，如图 2-31 所示。

➢ 伸缩：该区域可以查看或修改素材的延迟时间，如图 2-32 所示。在数字上单击，也会弹出"时间伸缩"对话框，在这里可以精确修改素材的持续时间。

图 2-30   图 2-31   图 2-32

● J：这里是时间缩放滑块，它和导航栏的功能类似，都可以对合成的时间进行缩放，只是它的缩放是以时间指针为中轴来进行的，而且它没有导航栏精确，如图 2-33 所示。

图 2-33

● K：该区域是用来放置素材堆栈的，当把一个素材调入"时间轴"面板后，该区域会以层的形式显示素材，用户可以把素材直接从"项目"面板中把需要的素材拖曳到"时间轴"面板中，并且可以任意摆放它们的上下顺序，如图 2-34 所示。

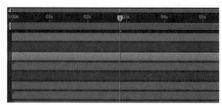

图 2-34

显示／隐藏层

用户可以通过各种手段暂时把层隐藏起来，这样做的目的是为了方便操作，当用户的项目中的图层越来越多时，这种操作是很有必要的。特别是给图层做动画时，过多的图层会影响需要调整素材的效果，并且降低预览速度。适当减少不必要图层的显示，能够大大提高制作效率。

当用户想要隐藏某一个层时，单击"时间轴"面板中该图层最左边的 图标，眼睛图标会消失，该图层在"合成"面板中将不能被观察到，再次单击，眼睛图标出现，图层也将被显示出来。

这样虽然能在"合成"面板中隐藏该图层，但在"时间轴"面板中该图层依然存在，一旦图层的数目非常多时，一些暂时不需要再编辑的图层在"时间轴"面板中隐藏起来是很有必要的。我们可以使用 Shy Layer 工具来隐藏图层。

在"时间轴"面板中选中想要隐藏的图层，单击图层的 图标，此时图标会变成 状态，这时单击"时间轴"面板中的 图标，所有标记过"消隐"的图层都不会在"时间轴"面板中显示，但在"合成"面板中依然显示，这样既不影响观察画面效果，又可以成功地为"时间轴"面板"减肥"。当素材大量堆积在一起，而我们又不可能随意改动素材图层位置的时候，使用"消隐"方式能够在不改变层与层之间叠加关系的同时，将不相连的层尽量显示在一起。

还有一种工具可以批量隐藏层，这就是"独奏"工具。在"时间轴"面板中找到"独奏"栏，单击想要隐藏图层对应的开关 图标，我们发现该图层以下的图层都被隔离了起来，不在"合成"面板中显示，如图 2-35 所示。

图 2-35

2.2.2　图层属性

After Effects 的主要功能就是创建运动图像，通过对"时间轴"面板中图层参数的控制可以给图层制作各种各样的动画。图层名称的前面都有一个 图标，单击该图标打开层的属性参数，如图 2-36 所示。

图 2-36

- 锚点：该参数可以在不改变层的中心的同时移动层。它后面的数值可以通过单击输入数值，也可以用鼠标直接拖曳来改变。
- 位置：该参数可以对层进行位移。
- 缩放：它可以控制层的放大、缩小。在它的数值前面有一个 ◻ 图标，该图标可以控制层是否按比例缩放。
- 旋转：控制图层的旋转角度。
- 不透明度：控制层的透明度。

提示

在每个属性名称上单击鼠标右键，可以打开一个下拉列表，在其中选择"编辑值"命令，即可打开这个属性的设置面板，在面板中可以输入精确的数字，如图 2-37 所示。

图 2-37

在设置图层的动画时，给图层创建关键帧是一个重要的手段，下面我们来看一下怎样给图层设置关键帧。

01 打开一个要做动画的图层的参数栏，把时间指针移动到要设置关键帧的位置，如图 2-38 所示。

图 2-38

02 在"位置"属性有一个 ◻ 图标，单击后就会看到在时间指针的位置创建了一个关键帧，如图 2-39 所示。

图 2-39

03 改变时间指针的位置，再拖曳"位置"的参数，前面的参数可以修改层在横向的移动距离，后面的参数可以修改层在纵向的移动距离。修改参数后，会发现在时间指针的位置自动打上了一个关键帧，如图 2-40 所示。

图 2-40

这样就做好了一个完整的层移动动画，别的参数都可以通过这样的操作设置关键帧创建动画。

 提示

在关键帧上双击，可以打开"位置"对话框，在这里可以精确设置该属性，从而改变关键帧的位置。

我们可以通过许多方法来查看"时间轴"和"图表编辑器"中元素的状态，可以根据不同情况来选择。可以使用快捷键";"将时间标记停留的当前帧的视图放大或缩小。如果鼠标带有滚轮，只需要按住 Shift 键再滚动滚轮，即可快速缩放视图。按住 Alt 键滚动滚轮将动态放大或缩小时间线。

2.2.3 蒙版的创建

当一个素材被合成到一个项目中时，需要将一些不必要的背景去掉，但并不是所有素材的背景都是非常容易被分离出来的，此时必须使用蒙版将背景遮罩。蒙版被创建时也会作为图层的一个属性显示在属性列表中，如图 2-41 所示。

图 2-41

蒙版是一个用路径绘制的区域，控制透明区域和不透明区域的范围。在 After Effects 中用户可以通过遮罩绘制图形，控制效果范围等各种富于变化的效果。当一个蒙版被创建后，位于蒙版范围内的区域是可以被显示的，区域范围外的图像将不可见，如图 2-42 所示。

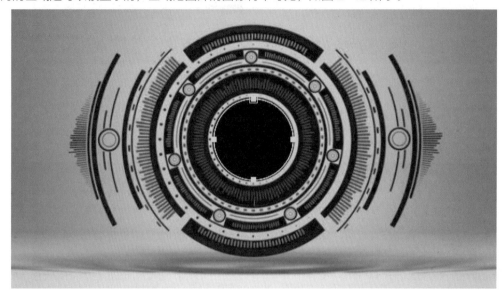

图 2-42

在 After Effects 中可以使用"矩形"工具、"椭圆"工具等创建规则的蒙版，也可以通过"钢笔"工具创建任意形状的蒙版。但毕竟 After Effects 作为一款后期软件，其蒙版工具是有限的，我们可以使用 Photoshop 或 Illustrator 等软件，把建好的路径文件导入项目作为蒙版使用。

2.2.4 蒙版的属性

每当一个蒙版被创建后，所在层的属性中会多出一个"蒙版"属性，通过对这些属性的调整可以精确地控制蒙版。下面就介绍一下这些属性，如图 2-43 所示。

图 2-43

● 蒙版路径：控制蒙版的外形。可以通过对蒙版的每个控制点设置关键帧，对层中的图像做动态遮罩。单击右侧的 形状... 图标，弹出"蒙版形状"对话框，可以精确调整蒙版的外形，如图 2-44 所示。

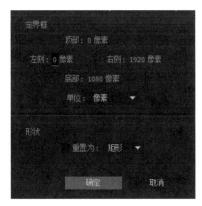

图 2-44

● 蒙版羽化：控制蒙版范围的羽化效果。通过修改值可以改变蒙版控制范围内外之间的过渡范围。两个数值分别控制不同方向上的羽化程度，单击右侧的 🔗 图标，可以取消两组数据的关联。如果单独羽化某一侧边界可以产生独特的效果，如图 2-45 所示。

图 2-45

● 蒙版不透明度：控制蒙版范围的不透明度。
● 蒙版扩展：控制蒙版的扩张范围。在不移动蒙版本身的情况下，扩张蒙版的范围，有时也可以用来修改转角的圆化程度，如图 2-46 所示。

图 2-46

默认建立的蒙版的颜色是柠檬黄色的，如果层的画面颜色和蒙版的颜色近似，可以单击该遮罩名称左侧的彩色方块图标，将其修改为不同的颜色。

单击蒙版名称右侧的 相加 遮罩混合模式图标，会弹出下拉列表，可以选择不同的蒙版混合模式，如图 2-47 所示。

图 2-47

- 无：蒙版没有添加混合模式，如图 2-48 所示。
- 相加：当蒙版叠加在一起时，添加控制范围。对于一些能直接绘制出的特殊曲线遮罩范围可以通过多个常规图形的遮罩效果相加计算后获得。其他混合模式也可以使用相同思路来处理，如图 2-49 所示。
- 相减：蒙版叠加在一起时，减少控制范围，如图 2-50 所示。

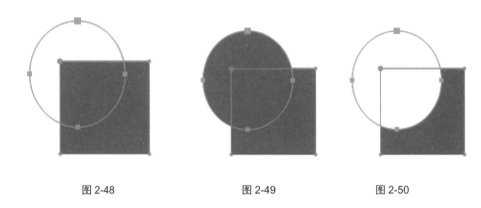

图 2-48   图 2-49   图 2-50

- 交集：蒙版叠加在一起时，相交区域为控制范围，如图 2-51 所示。
- 变亮 & 变暗：蒙版叠加在一起时，相交区域加亮或减暗控制范围。该功能必须作用在不透明度小于 100％的蒙版上，才能显示出效果，如图 2-52 所示。

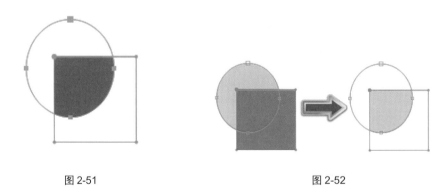

图 2-51   图 2-52

- 差值：蒙版叠加在一起时，显示相交区域以外的控制范围，如图 2-53 所示。

在混合模式图标右侧的"反转"选项如果被勾选，蒙版的控制范围将被反转，如图 2-54 所示。

图 2-53　　　　　　　　　　　　　　　　　　图 2-54

2.2.5　蒙版插值

　　"蒙版插值"面板可以为遮罩形状的变化创建平滑的动画,从而使遮罩的形状变化更加自然,如图 2-55 所示。

图 2-55

- 关键帧速率:设置每秒添加多少个关键帧。
- "关键帧"字段:设置在每个场中是否添加关键帧。
- 使用"线性"顶点路径:设置是否使用线性顶点路径。
- 抗弯强度:设置最易受到影响的蒙版的弯曲值的变量。
- 品质:设置两个关键帧之间蒙版外形变化的品质。
- 添加蒙版路径顶点:设置蒙版外形变化的顶点的单位和设置模式。
- 配合法:设置两个关键帧之间蒙版外形变化的匹配方式。
- 使用 1:1 顶点匹配:设置两个关键帧之间蒙版外形变化的所有顶点一致。
- 第一顶点匹配:设置两个关键帧之间蒙版外形变化的起始顶点一致。

2.2.6 形状图层

使用路径工具绘制图形时,当我们选中某个图层时绘制出来的是蒙版;当我们不选中任何图层时绘制出的图形将成为形状图层。形状图层的属性和蒙版不同,其属性类似于 Photoshop 中的形状属性,如图 2-56 所示。

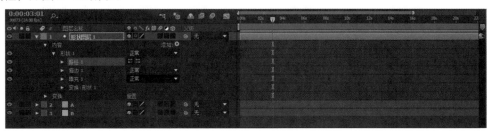

图 2-56

我们可以在 After Effects 中绘制形状,也可以使用 Illustrator 等矢量软件进行绘制,然后将路径导入 After Effects 再转换为形状,首先将 AI 文件导入项目,将其拖曳到"时间轴"面板,在该图层上单击右键选择"从矢量图层创建形状"命令,将 AI 文件转换为形状。此时可以看到矢量图层变成了可编辑模式(该功能是 After Effects CS6 中加入的),如图 2-57 所示。

图 2-57

在 After Effects 中无论是蒙版、形状、绘画描边、动画图表都是依赖于路径形成的,所以绘制时基本的操作是一致的。路径包括"段"和"顶点"。"段"是连接顶点的直线或曲线;"顶点"定义路径的各段开始和结束的位置。一些 Adobe 公司的软件使用术语"锚点"和"路径点"来引用顶点。通过拖动路径顶点、每个顶点的方向线(或切线)末端的方向手柄,或路径段自身,更改路径的形状。

要创建一个新的形状图层,在"合成"面板中进行绘制之前按 F2 键取消选择所有图层。我们可以使用下面任何一种方法创建形状和形状图层。

● 使用"形状"工具或"钢笔"工具绘制一条路径。通过使用"形状"工具单击拖曳创建形状或蒙版,使用"钢笔"工具创建贝塞尔曲线形状或蒙版。

● 使用"图层→从文本创建形状"命令将文本图层转换为形状图层上的形状。

● 将蒙版路径转换为形状路径。

● 将运动路径转换为形状路径。

我们也可以首先建立一个形状图层，通过选择"图层→新建→形状图层"命令创建一个新的空形状图层。当选中■ ✎ T 路径类型工具时，在工具栏的右侧会出现相关的工具调整选项。在这里可以设置"填充"和"描边"等参数，这些操作在形状图层的属性中也可以修改，如图 2-58 所示。

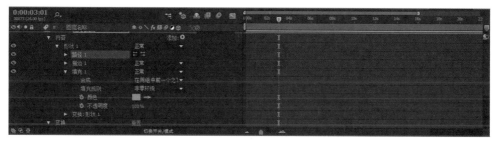

图 2-58

被转换的形状也会将原有的编组信息保留下来，每一个组里的"路径""填充"属性都可以单独进行编辑并设置关键帧，如图 2-59 所示。

图 2-59

由于 After Effects 并不是专业绘制矢量图形的软件，我们并不建议在 After Effects 中绘制复杂的形状，还是建议在 Illustrator 这类矢量软件中进行绘制再导入 After Effects 中进行编辑。但是在导入路径时也会出现许多问题，并不是所有 Illustrator 文件细节都能被保留。例如，不透明度、图像和渐变。包含数干条路径的文件可能导入非常缓慢，且不提供反馈。

该菜单命令一次只对一个选定的图层起作用。如果将某个 Illustrator 文件导入为合成（即，多个图层），则无法一次转换所有这些图层。不过，也可以将文件导入为素材，然后使用该命令将单个素材图层转换为形状，所以在导入复杂图形时建议分层导入。

使用"钢笔"工具绘制贝塞尔曲线，通过拖曳方向线来创建弯曲的路径段。方向线的长度和方向决定了曲线的形状。在按住 Shift 键的同时拖曳可以将方向线的角度限制为 45° 的整数倍。在按住 Alt 键的同时拖曳可以仅修改引出方向线。将"钢笔"工具放置在希望开始曲线的位置，然后按下鼠标按键，如图 2-60 所示，将出现一个顶点，并且"钢笔"工具指针将变为一个箭头，如图 2-61 所示。

图 2-60

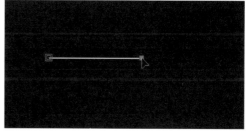

图 2-61

拖曳以修改顶点的两条方向线的长度和方向，然后释放鼠标按键，如图 2-62 所示。

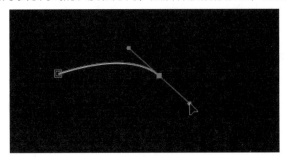

图 2-62

贝塞尔曲线的绘制并不容易掌握，建议读者反复练习，在大多数图形设计软件中，曲线的绘制都是基于该模式的，所以必须熟练掌握，直到能自由、随意地绘制出自己需要的曲线为止。

在实际的制作过程中，我们会经常在制作出动画后发现需要使用动画的路径作为其他动画，例如，粒子效果的运动路径，这时需要将动画路径转换为蒙版或形状以用于下一步的动画制作。

首先在"时间轴"面板中，选中要从其中复制运动路径的"位置"属性或"锚点"属性的名称，按住 Shift 键的同时选中这些关键帧。执行"编辑→复制"命令。在要创建蒙版的合成中选中图层，选择"图层→蒙版→新建蒙版"命令，然后在"时间轴"面板中，单击要从运动路径将关键帧复制到其中的蒙版的"蒙版路径"属性的名称。执行"编辑→粘贴"命令，该路径就会被转换为蒙版，转换为形状的操作方法也大致相同，如图 2-63 所示。

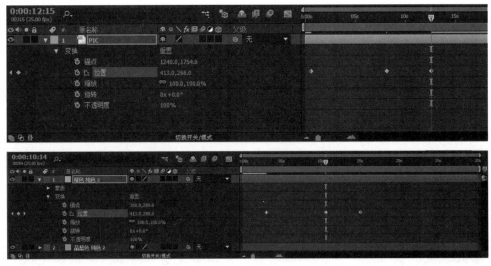

图 2-63

2.2.7 遮罩实例

下面通过一个简单的实例来熟悉遮罩功能的应用。

01 选择"合成→新建合成"命令，创建一个新的合成影片，设置如图 2-64 所示。

图 2-64

　　02 选择"文件→导入→文件"命令导入背景图片和光线图片，在"项目"面板中选中图片，单击拖曳把文件拖入"时间轴"面板。

　　03 在"项目"面板中选中图片"光 01"，单击拖曳把文件拖入"时间轴"面板。调整该图片层的混合模式为"相加"模式，如图 2-65 所示。

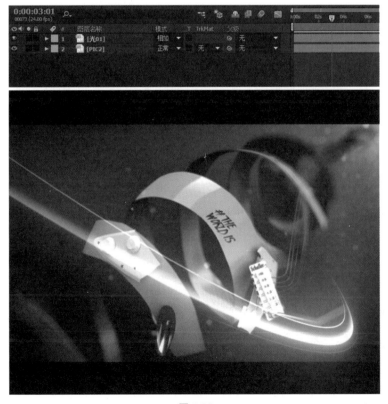

图 2-65

04 通过层混合模式把光线图片中的黑色部分隐藏，如图 2-66 所示。

图 2-66

05 选中"光"所在的层，在"合成"面板中调整光线至合适的位置，选择"钢笔"工具 🖊
绘制一个封闭的蒙版，如图 2-67 所示。

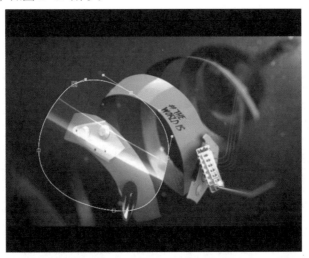

图 2-67

06 在"时间轴"面板中展开"光 .jpe"层的属性，选中"蒙版 1"，修改"蒙版羽化"值为
559 像素，如图 2-68 所示。

图 2-68

07 我们观察到蒙版遮挡的光线部分有了平滑的过渡，如图 2-69 所示。

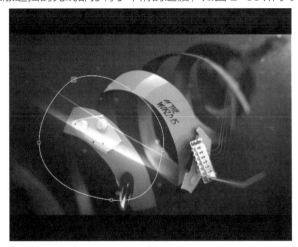

图 2-69

08 在"合成"面板中移动蒙版到光线的最左边，如图 2-70 所示。

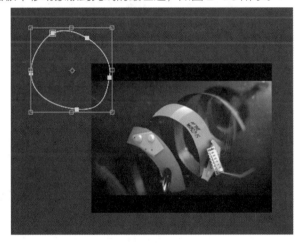

图 2-70

09 在"时间轴"面板中，把时间指示器调整到起始位置，单击"蒙版路径"属性左边的码表图标，为蒙版的外形设置关键帧，如图 2-71 所示。

图 2-71

10 "蒙版形状"属性的关键帧动画主要是通过修改蒙版的控制点在画面中的位置，从而设定关键帧来实现的。把时间指示器调整到 0:00:00:05 的位置，选中蒙版的控制点，并向右移动，如图 2-72 所示。

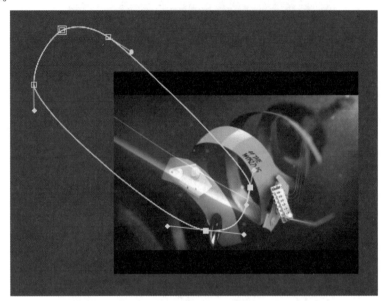

图 2-72

11 把时间指示器调整到 0:00:00:10 的位置，选中蒙版的控制点并继续向左移动，如图 2-73 所示。

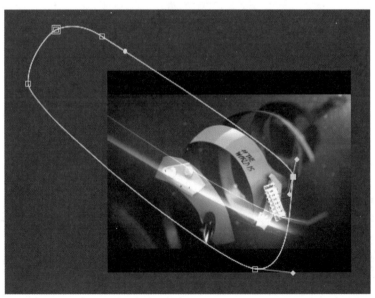

图 2-73

12 把时间指示器调整到 0:00:00:15 的位置，选中蒙版的控制点并继续向左移动。光线将完全被显示出来，然后按下空格键，播放动画观察效果，可以看到光线从无到有划入画面，如图 2-74 所示。

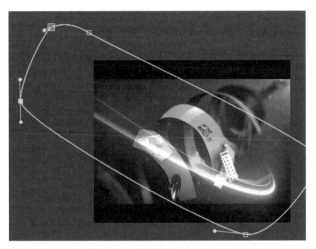

图 2-74

13 为了让图片产生光线划过的效果，在光线被划入的同时又要出现划出的效果，这样才能产生光线飞速划过的效果，如图 2-75 所示。

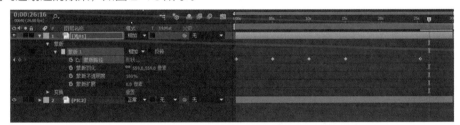

图 2-75

14 把时间指示器调整到 0:00:00:10 的位置，选中蒙版右侧的控制点并向左侧移动，如图 2-76 所示。

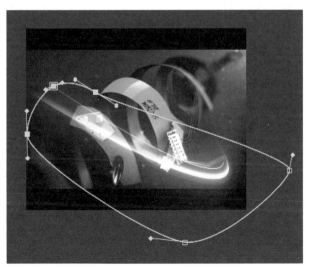

图 2-76

15 把时间指示器调整到 0:00:00:15 的位置，选中蒙版右侧的控制点并继续向左移动，如图 2-77 所示。

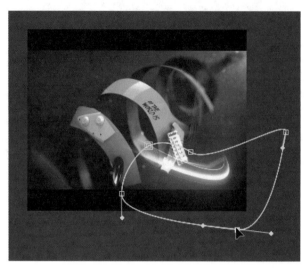

图 2-77

16 把时间指示器调整到 0:00:00:20 的位置，选中蒙版左侧的控制点并继续向右移动，直到完全遮住光线，如图 2-78 所示。

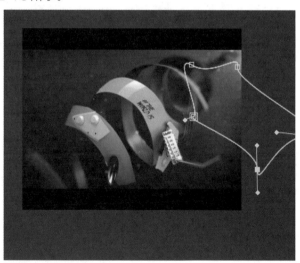

图 2-78

17 按下空格键，播放动画观察效果，可以看到光线划过画面。我们使用一张静帧图片，利用"蒙版"工具，制作出光线划过的动画效果。

2.2.8 预合成

"预合成"命令主要用于建立合成中的嵌套层。当我们制作的项目越来越复杂时，用户可以利用该命令选择合成影像中的层，再建立一个嵌套合成影像层，这样可以方便用户管理。在实际的制作过程中，每一个嵌套合成影像层用于管理一个镜头或效果，创建的嵌套合成影像层的属性可以重新编辑，如图 2-79 所示。

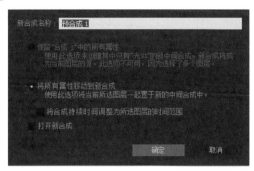

图 2-79

- 保留"合成 1"中的所有属性：创建一个包含选取层的新的嵌套合成影像，新的合成影像中替换原始素材层，并且保持原始层在原合成影像中的属性和关键帧不变。
- 将所有属性移动到新合成：将当前选择的所有素材层都放在新的合成影像中，原始素材层的所有属性都转移到合成影像中，新合成影像的帧尺寸与源合成影像相同。
- 打开新合成：创建后打开新的"合成"面板。

预合成应用

通过下面这个实例，我们会了解"预合成"命令的基本使用方法，在实际应用中我们会经常使用预合成来重新组织合成的结构模式。

01 选择"合成→新建合成"命令，弹出"合成设置"对话框，创建一个新的合成，命名为"预合成"，设置控制面板参数，如图 2-80 所示。

02 选择"文件→导入→文件"命令，在"项目"面板选中导入的素材文件，将其拖入"时间轴"面板，图像将被添加到合成影片中，在"合成"面板中将显示出图像。选择工具箱中的"文字"工具 T，系统会自动弹出"字符"面板，将文字的颜色设置为白色，其他参数设置，如图 2-81 所示。

图 2-80

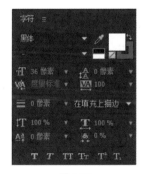

图 2-81

03 选择"文字"工具，在"合成"面板中单击，并输入文字 YEAR， 在"字符"面板中将文字字体调整为 Orator Std 字体，并调整文字的大小，如图 2-82 所示。

图 2-82

04 再次选择"文字"工具，在"合成"面板中单击，并输入文字 02/03/04/05/06 /07/08/09（使其成为一个独立的文字层）， 在"字符"面板中将文字字体调整为 Impact 字体，并调整文字的大小，如图 2-83 所示。

图 2-83

05 在"时间轴"面板中展开数字文字层的"变换"属性，选中"旋转"属性，单击属性左边的码表图标，为该属性设置关键帧动画。动画为文字层从 02 向上移动至 09，如图 2-84 所示。

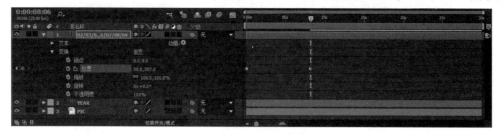

图 2-84

06 按下数字键盘上的 0 键，对动画进行预览。可以看到文字不断向上移动，如图 2-85 所示。

07 在"时间轴"面板中选中数字文字层，按下快捷键 Ctrl+Shift+C，弹出"预合成"对话框，单击"确定"按钮，这样可以将文字层作为一个独立的合成出现，如图 2-86 所示。

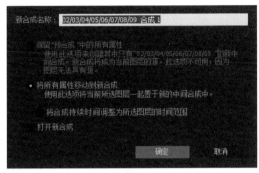

图 2-85   图 2-86

08 在"时间轴"面板中选中合成后的数字文字层，使用工具箱中的"矩形"工具，在"合成"面板中绘制一个矩形蒙版，如图 2-87 所示。

09 按下数字键盘上的 0 键，对动画进行预览。可以看到文字出现了滚动动画效果，蒙版以外的文字将不会被显示出来，如图 2-88 所示。

图 2-87   图 2-88

2.3 文字动画

2.3.1 创建文字层

文字动画的制作有很多都是在后期软件中完成的，后期软件并不能使字体有很强的立体感，而优势在于字体的运动所产生的效果。After Effects 的文本工具可以制作出用户可以想象出的各种效果，使你的创意得到最好的展现。使用文字工具可以直接在"合成"面板中创建文字，其分为横排和直排两种，当创建完文字后，可以单击工具栏右侧的"切换字符和段落面板"图标▣，调整文字的大小、颜色、字体等基本参数。

文本层的属性中除了"变换"属性，还有"文本"属性，这是文本特有的属性。"文本"属性中的"源文本"属性可以制作文本相关属性的动画，如：颜色、字体等。利用"字符"和"段落"面板中的工具，改变文本的属性并制作动画。下面以改变颜色为例，制作源文本属性的文本动画。

01 选择"合成→新建合成"命令，新建一个合成，如图 2-89 所示。

图 2-89

02 按快捷键 Ctrl+Y，新建一个纯色层，设置颜色为白色，这样方便观察文本的颜色变化，如图 2-90 所示。

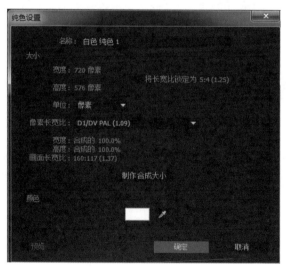

图 2-90

03 选择工具箱中的"文字"工具Ⅰ，建立一个文本层，输入文字并设置文字为黑色，如图 2-91 所示。

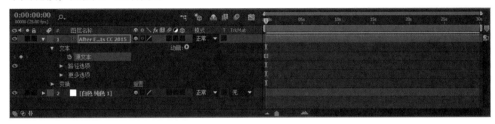

图 2-91

04 打开"时间轴"面板中文本层的"文本"属性，单击"源文本"属性前的码表图标 ，设置一个关键帧，如图 2-92 所示。

图 2-92

05 移动时间指示器到 07s（秒）的位置，在"字符"面板中单击填充颜色图标，弹出"文本颜色"对话框，选取改变文字的颜色，如图 2-93 所示。

图 2-93

06 在"源文本"属性上建立了一个新的关键帧，并如法炮制，在 18s（秒）处再建立一个改变颜色的关键帧，如图 2-94 所示。

图 2-94

提示

"源文本"属性的关键帧动画是以插值的方式显示的，也就是说，关键帧之间是没有变化的，在没有播放到下一个关键帧时，文本将保持前一个关键帧的特征，所以动画就像在播放幻灯片的效果。

2.3.2　路径选项属性

　　"文本"属性下方有一个"路径"选项，展开下拉列表，在文本层中建立蒙版时，即可在蒙版的路径上创建动画效果。蒙版路径在应用于文本动画时，可以是封闭的图形，也可以是开放的路径。下面通过一个实例来体验"路径选项"属性的动画效果。新建一个文本层，输入文字，选中文本层，使用"椭圆"工具 ● 创建一个蒙版，如图 2-95 所示。

图 2-95

　　在"时间轴"面板中，展开文本层下的"文本"属性，单击"文本"旁的小三角图标 ▶ 文本 ，展开"路径"选项下的选项，在"路径"下拉列表中选中"蒙版 1"，文本将会沿路径排列，如图 2-96 和图 2-97 所示。

图 2-96

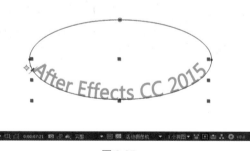

图 2-97

　　"路径选项"属性下的控制选项都可以制作动画，但要保证蒙版的模式为"无"。
　　"反转路径"选项，如图 2-98 所示。

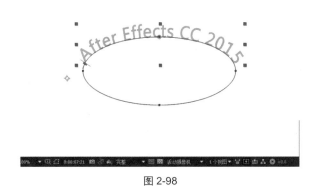

图 2-98

"垂直于路径"选项，如图 2-99 所示。

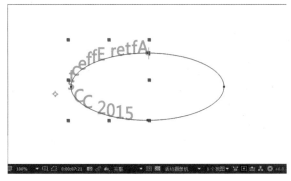

图 2-99

　　"强制对齐"选项，控制路径中的排列方式。在"首字边距"和"末字边距"之间排列文本时选项打开，分散排列在路径上；选项关闭时，字母将按从起始位置顺序排列，如图 2-100 所示。

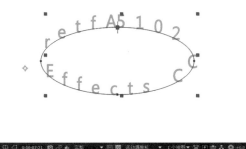

图 2-100

　　"首字和末字边距"选项，分别指定首尾字母所在的位置，所在位置与路径文本的对齐方式有直接关系。
　　用户可以在"合成"面板中对文本进行调整，可以用鼠标调整字母的起始位置，也可以通过改变"首字和末字边距"选项的数值来实现。单击"首字边距"选项前的码表图标，设置第一个关键帧，然后移动时间指示器到合适的位置，再改变"首字边距"的数值为 100，一个简单的文本路径动画就完成了，如图 2-101 所示。

图 2-101

在"路径选项"下面还有一些相关选项，在"更多选项"中的设置可以调节出更加丰富的效果，如图 2-102 所示。

图 2-102

- "描点分组"选项，提供了 4 种不同的文本锚点的分组方式，右侧的下拉列表提供了四种方式："字符""词""行""全部"，如图 2-103 所示。

图 2-103

  ➢ 字符：把每一个字符作为一个整体，分配其在路径上的位置。
  ➢ 词：把每一个单词作为一个个体，分配其在路径上的位置。
  ➢ 行：把文本作为一个列队，分配其在路径上的位置。
  ➢ 全部：把文本中的所有文字作为一个列队，分配其在路径上的位置。
- "分组对齐"控制文本围绕路径排列的随机度。
- "填充和描边"控制文本填充与描边的模式。
- "字符间混合"控制字母间的混合模式。

提示

通过修改"路径"下的属性，再配合"描点分组"中不同的选项，我们能创造出丰富的文字动画效果。

2.3.3　范围控制器

文本层可以通过文本动画工具制作复杂的动画效果，当文本动画效果被添加时，软件会建立一个"范围"控制器，利用起点、终点和偏移值的设置，制作出各种文字运动效果，如图 2-104 所示。

为文本添加动画的方式有两种，可以选择"动画→动画文本"命令，也可以单击"时间轴"面板中文本层中"动画"属性旁的三角图标。两种方式都可以展开文本动画菜单，菜单中有各种可以加入文本的动画属性，如图 2-105 所示。

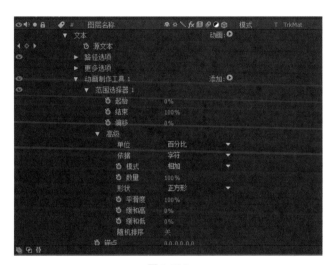

图 2-104

图 2-105

前面我们提到了每当用户添加了一个文本动画属性，软件会自动建立一个"范围"控制器，如图 2-106 所示。

图 2-106

用户可以反复添加"范围"控制器,多个控制器得出的复合效果非常丰富。下面介绍"范围"控制器的相关参数。

- 起始:设置控制器的有效范围的起始位置。
- 结束:设置控制器的有效范围的结束位置。
- 偏移:控制"起始和结束"范围的偏移值(即文本起始点与控制器间的距离,如果"偏移"值为 0 时,"起始和结束"属性将没有任何作用),"偏移"值的设置在文本动画制作过程中非常重要,该属性可以创建一个随时间变化的选择区域(如:当"偏移"值为 0% 时,"起始和结束"的位置可以保持在用户设置的位置;当值为 100% 时,"起始和结束"的位置将移动到文本末端的位置)。
- 单位和依据:指定有效范围的动画单位(即指定有效范围内的动画以什么模式为一个单元方式运动,如:字符以一个字母为单位;单词以一个单词为单位)。
- 模式:制定有效范围与原文本的交互模式(共 6 种融合模式)。
- 数量:控制动画制作工具属性影响文本的程度。
- 形状:控制有效范围内字母的排列模式。
- 平滑度:控制文本动画过渡时的平滑程度(只有在选择"正方形"模式时才会显示)。
- 缓和高 & 低:控制文本动画过渡时的速率。
- 随机排序:是否应用有效范围的随机性。
- 随机植入:控制有效范围的随机度(只有在打开随机排序时才会显示)。

除了可以添加"范围"控制器,还可以对文本添加"摆动"和"表达式"控制器,"表达式"控制器是在 After Effects 6.5 的版本中添加的功能,我们会在表达式的章节里详细讲解 After Effects 表达式的相关内容。"摆动"控制器可以做出多种复杂的文本动画效果,电影《黑客帝国》中经典的坠落数字的文本效果就是使用 After Effects 创建的。下面介绍"摆动"控制器的属性设置方法。在动画制作工具右侧单击"添加"图标,选中"选择器→摆动"命令即可添加"摆动"控制器。

"摆动"控制器主要来随机控制文本,用户可以反复添加。

- 模式:控制与上方选择器的融合模式(共 6 种融合模式)。
- 最大 & 小量:控制器随机范围的最大值与最小值。
- 依据:居于 4 种不同的文本字符排列形式。
- 摇摆 / 秒:控制器每秒变化的次数。
- 关联:控制文本字符("依据"属性所选的字符形式)之间相互关联变化随机性的比率。
- 时间 & 空间相位:控制文本在动画时间范围内控制器的随机值变化。
- 锁定维度:锁定随机值的相对范围。
- 随机植入:控制随机比率。

2.3.4 范围选择器动画

01 选择"合成→新建合成"命令,创建一个新的合成影片,设置如图 2-107 所示。

图 2-107

02 选择"文本"工具 T，新建一个文本层，输入文字。

03 为文本层添加动画效果，选中文本层，再选择"动画→动画文本→不透明度"命令，也可以单击"时间轴"面板中"文本"属性右侧的"动画"旁的三角图标 动画:◎ ，在弹出菜单中选择"不透明度"命令，为文本添加"范围"控制器和"不透明度"属性，如图 2-108 所示。

图 2-108

04 在"时间轴"面板中，把时间指示器调整到起始位置，单击"范围选择器 1"属性下"偏移"前的码表图标 ◎ ，设置关键帧的"偏移"值为 0%，如图 2-109 所示。

图 2-109

05 调整时间指示器到结束位置，调节"偏移"值为 100% 并设定关键帧，如图 2-110 所示。

图 2-110

06 把"不透明度"值调整为 0%,如图 2-111 所示。

图 2-111

07 此时播放影片可以看到文本逐渐显示的效果了,如图 2-112 所示。

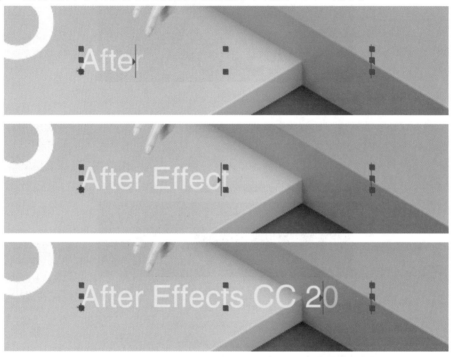

图 2-112

提示

"偏移"属性主要用来控制动画效果范围的偏移值,也就是说对"偏移"值设置关键帧就可以控制偏移值的运动,如果设置的"偏移"值为负值,运动方向和正值则正好相反,在实际的制作中可以通过调节"偏移"值的动画曲线来控制运动的节奏。

2.3.5 起始与结束属性动画

01 在"范围选择器"属性下除了"偏移"属性,还有"起始"和"结束"两个属性,该属性用于定义"偏移"的影响范围,对于初学者来说理解这个概念存在一定的困难,但是经过反复训练还是可以熟练掌握的。首先创建一段文字,如图 2-113 所示。

图 2-113

02 选中文本图层，再选择"动画→动画文本→缩放"命令，也可以单击"时间轴"面板中"文本"属性右侧的"动画"旁的三角图标，在弹出菜单中选择"缩放"命令，为文本添加"范围"动画控制器和"缩放"属性，如图 2-114 所示。

图 2-114

03 在"时间轴"面板中，调节"范围选择器 1"属性下的"起始"值为 0%，"结束"值为 15%，这样我们就设定了动画的有效范围，在"合成"面板中可以观察到，字体上的控制手柄会随着数值的变化移动位置，也可以通过鼠标拖曳控制器，如图 2-115 所示。

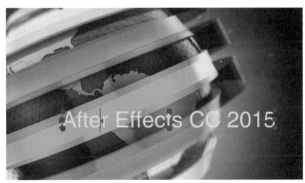

图 2-115

04 设置"偏移"数值，把时间指示器调整到 01s（秒）的位置，单击"偏移"属性前的码表图标，设置关键帧的"偏移"值为 -15%，再把时间指示器调整到 03s（秒）的位置，设置关键帧的"偏移"值为 100%，用鼠标拖曳时间指示器，可以看到控制器的有效范围被制作成了动画，如图 2-116 所示。

图 2-116

05 调节文本图层的"缩放"值为 250%，即可看到只有在有控制器有效范围内，文本才有缩放动画效果，如图 2-117 所示。

图 2-117

06 下面再为文本添加一些效果，单击文本图层"动画 1"属性右侧的 添加:▶ 图标，展开菜单，选择"属性→填充颜色→RGB"命令，为文本添加"填充颜色"效果。此时在文本图层中多了一项"填充颜色"属性，修改"填充颜色"的 RGB 值为 0.145.233（也就是 LOGO 的颜色），然后按下数字键盘上的 0 键，播放动画观察效果，我们看到文本在放大的同时也在改变颜色，如图 2-118 所示。

图 2-118

提示

这个实例使用了"起始 & 结束"属性，用户也可以为这两个属性设置关键帧，以满足影片画面的需求。其他的属性添加方式是相同的，但不同的属性组合在一起，得出的效果是不一样的，从而创作出更加新颖、更加多变的文本效果。

2.3.6　文本动画预设

在 After Effects 中预设了很多文本动画效果，如果用户对文本没有特别的动画制作需求，只需要将文本以动画的形式展现出来，使用动画预设是一个很不错的选择。下面就来学习如何添加动画预设。

首先在"合成"面板中创建一段文本，在"时间轴"面板中选中文本图层，选择"窗口→效果与预设"命令，可以看到面板中有"动画预设"选项，如图 2-119 所示。

展开"动画预设"（注意不是下面的"文本"效果），"动画预设→Text"下的预设都是定义文本动画的。其中 Animate In 和 Animate Out 就是我们在平时经常制作的文字呈现和隐去的动画预设，如图 2-120 所示。

图 2-119

图 2-120

展开其中的预设命令，选中需要添加的文本，并双击需要添加的预设，再观察"合成"面板播放动画，可以看到文字动画已经设定成功。展开"时间轴"面板上的文本属性，可以看到范围选择器已经被添加到文本上，预设的动画也可以通过调整关键帧的位置来调整动画时间的变化，如图2-121 所示。

图 2-121

如果用户想预览动画预置的效果也十分简单，在"效果和预设"面板单击右上角的█图标，在菜单中选中"浏览预设"命令，即可在 Adobe Bridge 中预览动画效果（一般 Adobe Bridge 都是自动安装的），如图 2-122 所示。

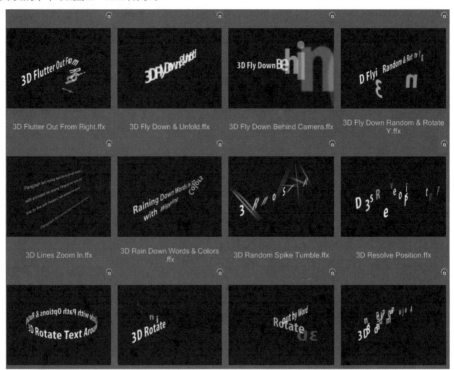

图 2-122

第 3 章

三维动画

3.1 After Effects 三维空间的基本概念

3.1.1 3D 图层的概念

3D（三维）的概念是建立在 2D（二维）的基础之上的，我们所看到的任何画面都是在 2D 空间中形成的，不论是静态还是动态的画面，到了边缘只有水平和垂直两种边界，但画面所呈现的效果可以是立体的，这是人们在视觉上形成的错觉。

在三维立体空间中，我们经常用 X、Y、Z 坐标来表示物体在空间中所呈现的状态，这个概念来自数学体系。X、Y 坐标呈现出二维的空间，直观地说就是我们常说的长和宽；Z 坐标是体现三维空间的关键，它代指深度，也就是我们所说的远和近。我们在三维空间中可以通过对 X、Y、Z 三个不同方向坐标值的调整，达到确定一个物体在三维空间中所在位置的目的。现在市场上有很多优秀的三维软件，可以实现各种各样的三维效果。After Effects 虽然是一款后期处理软件，但也有着很强的三维处理能力。在 After Effects 中可以显示 2D 图层也可以显示 3D 图层，如图 3-1 所示。

图 3-1

> **提示**
>
> 在 After Effects 中可以导入和读取三维软件的文件信息，并不能像在三维软件中那样随意地控制和编辑这些物体，也不能建立新的三维物体。这些三维信息在实际的制作过程中主要用来匹配镜头或做一些相关的对比工作。在 After Effects CC 中加入了对 C4D 文件的无缝兼容功能，这大大加强了 After Effects 的三维处理能力。C4D 这款软件在近几年一直致力于在动态图形设计方向的发展，这次和 After Effects 的结合进一步确立了在这方面的优势。

3.1.2 3D 图层的基本操作

创建 3D 图层是一件很简单的事，与其说是创建，其实更像是转换。选择"合成→新建合成"

命令。按快捷键 Ctrl + Y，新建一个"纯色"图层，设置颜色为蓝色，这样方便观察坐标轴，然后缩小该图层到合适的大小，如图 3-2 所示。

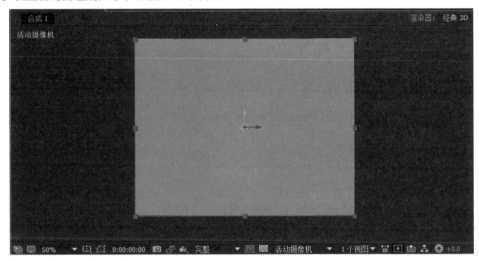

图 3-2

单击"时间轴"面板中"3D 图层"图标 下对应的方框，方框内出现立方体图标 ，此时该层就被转换成 3D 图层，也可以通过选择"图层→3D 图层"命令进行转换。打开"纯色"图层的属性列表，用户会看到多出了许多属性，如图 3-3 所示。

使用"旋转"工具 ，在"合成"面板中旋转该图层，可以看到层的图像有了立体的效果，并出现了一个三维坐标控制器，红色箭头代表 X 轴（水平）；绿色箭头代表 Y 轴（垂直）；蓝色箭头代表 Z 轴（深度），如图 3-4 所示。

图 3-3

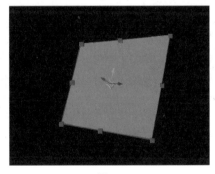

图 3-4

同时在"信息"面板中，也出现了 3D 图层的坐标信息，如图 3-5 所示。

提示

如果在"合成"面板中没有看到坐标轴，可能是因为没有选择该层或软件没有显示控制器，可以选择"视图→视图选项"命令，弹出"视图选项"对话框，勾选"手柄"选项将控制器显示出来，如图 3-6 所示。

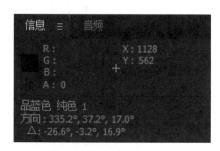

图 3-5

图 3-6

3.1.3 观察 3D 图层

我们知道在 2D 的图层模式下，图层会按照在"时间轴"面板中的顺序依次显示，也就是说位置越靠前，在"合成"面板中就会越靠前显示。而当图层打开 3D 模式时，这种情况就不存在了。图层的前后完全取决于它在 3D 空间中的位置，如图 3-7 所示。

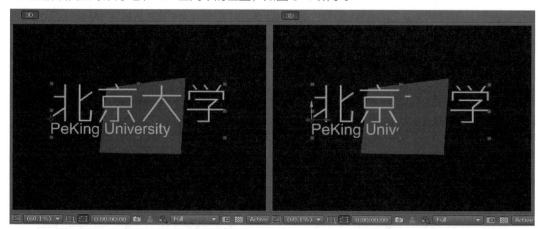

图 3-7

此时用户必须通过不同的角度来观察，3D 图层之间的关系。单击"合成"面板中的 活动摄像机 ▼ 图标，在弹出的菜单中选择不同的视图角度，也可选择"视图→切换 3D 视图"子菜单中的切换视图命令。默认选择的视图为"活动摄像机"，其他视图还包括摄像机视图的六种不同的方位视图和三种自定义视图，如图 3-8 所示。

用户也可以在"合成"面板中同时打开四种视图，从不同的角度观察素材，单击"合成"面板中的"选择视图布局"图标 1 个视图 ▼ ，在弹出的菜单中选择"4 个视图"，如图 3-9 所示。

图 3-8

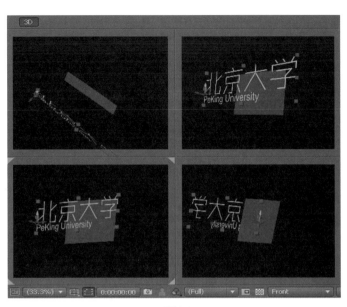

图 3-9

　　在"合成"面板中对图层实施移动或旋转等操作时，按住 Alt 键不放，图层在移动时会以线框的方式显示，这样方便用户与操作前的画面进行对比，如图 3-10 所示。

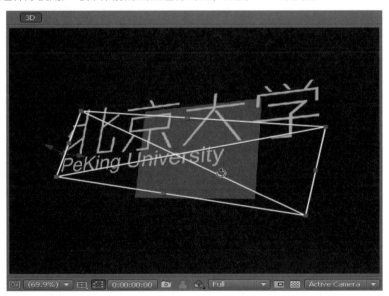

图 3-10

提示

　　在实际的制作过程中会通过快捷键（F10、F11、F12 等）在几个视图之间切换，通过不同的角度观察素材，这样操作也会方便许多。按 Esc 键可以快速切换回上一次的视图。

3.2 灯光图层

灯光可以增加画面光感的细微变化，这是手工模拟所无法达到的。我们可以在 After Effects 中创建灯光，用来模拟现实世界中的真实效果。灯光在 After Effects 的 3D 效果中有着不可替代的作用，各种光线效果和阴影都依赖灯光的支持，灯光图层作为 After Effects 中的一种特殊图层，除了正常的属性值以外，还有一组灯光特有的属性，我们可以通过对这些属性的设置来控制画面效果。

可以选择"图层→新建→灯光"命令来创建一个灯光图层，同时会弹出"灯光设置"对话框，如图 3-11 所示。

图 3-11

3.2.1 灯光的类型

熟悉三维软件的用户对灯光类型并不陌生，大多数三维软件都有这几种灯光类型，按照用户的不同需求，After Effects 提供了四种光源分别是：平行光、聚光、点光和环境光。

- 平行光：光线从某个点发射，照向目标位置，光线平行照射。其类似于太阳光，光照范围是无限远的，它可以照亮场景中位于目标位置的每一个物体或画面，如图 3-12 所示。
- 聚光：光线从某个点发射以圆锥形呈放射状照向目标位置。被照射物体会形成一个圆形的光照范围，可以通过调整锥形角度来控制照射范围的面积，如图 3-13 所示。

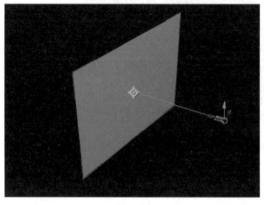

图 3-12

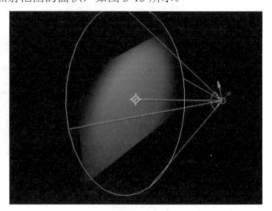

图 3-13

- 点光：光线从某个点发射光线并向四周扩散。随着光源距离物体的远近变化，光照的强度会衰减。其效果类似于平时我们所见到的人工光源，如图 3-14 所示。
- 环境光：光线没有发射源，可以照亮场景中的所有物体，但环境光源无法产生投影，可以通过改变光源的颜色来统一整个画面的色调，如图 3-15 所示。

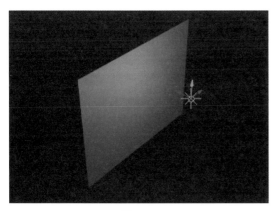

图 3-14

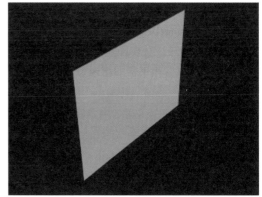

图 3-15

3.2.2 灯光的属性

在创建灯光时可以定义灯光的属性，也可以创建后在属性栏中修改。下面详细介绍灯光的各个属性，如图 3-16 所示。

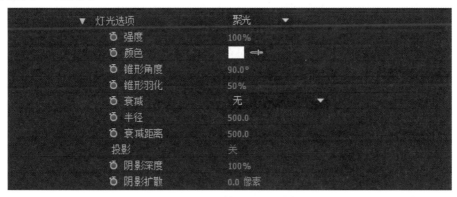

图 3-16

- 强度：控制灯光强度。强度越高，灯光越亮，场景受到的照射也就越多。当"强度"的值为 0 时，场景就会变黑。如果将"强度"设置为负值，可以去除场景中的某些颜色，也可以吸收其他灯光的强度。
- 颜色：控制灯光的颜色。
- 锥形角度：控制灯罩角度。只有聚光灯光有此属性，主要用来调整灯光照射范围的大小，角度越大，光照范围越广。
- 锥形羽化：控制灯罩范围的羽化值。只有聚光灯有此属性，可以使聚光灯的照射范围产生一个柔和的边缘。
- 衰减：这个概念来源于真正的灯光，任何光线都带有衰减的属性，在现实中当一束光照射出去，站在十米外和百米外所看到的光的强度是不同的，这就是灯光的衰减。而在 After Effects 中如果不设置该参数灯光强度是不会发生衰减的，会一直持续地、保持一个强度地照射下去，"衰减"可以设置为开启或关闭。

- 半径：控制衰减值的半径。
- 衰减距离：控制衰减的距离。
- 投影：打开投影。开启该选项，灯光会在场景中产生投影。如果要看到投影的效果，需要同时开启图层材质属性中的相关选项。
- 阴影深度：控制阴影的颜色深度。
- 阴影扩散：控制阴影的扩散。主要用于控制图层与图层之间产生的柔和漫反射效果。

3.2.3 几何选项

如果使用"光线追踪 3D"渲染模式，在"合成→合成设置"面板高级选项中更改。当图层被转换为 3D 图层时，除了多出三维空间坐标的属性外，还会添加"几何选项"，不同的图层类型被转换为 3D 图层时，所显示的属性会有所变化，如图 3-17 所示。

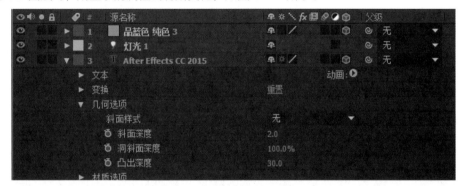

图 3-17

普通图层在转换为 3D 图层时会多出"弯度"和"段"两个属性，一个用于控制图层弯曲的度数，另一个用于分解弯曲面所形成的段数，段数越大形成的面越光滑。而文本图层和形状图层的"几何选项"属性较为复杂，这类似于三维软件中的文字倒角效果，如图 3-18 所示。

图 3-18

下面建立一个场景，学习文本"几何选项"的属性。

首先建立一个合成，分别创建摄像机和灯光，使用"文本"工具，在"合成"面板输入文字并调整到合适的位置，如图 3-19 所示。

此时单击"时间轴"面板中文本图层的"3D 图层"图标下对应的方框，方框内出现立方体图标，此时文本图层就被转换成 3D 图层了，如图 3-20 所示。展开文本图层的属性，可以看到"几何选项"已被添加。

图 3-19

图 3-20

使用"统一摄像机工具"■调整摄像机的角度，以便于我们观察效果，调整"凸出深度"为25，可以看到立体字的效果形成了，如图 3-21 所示。

使用"跟踪 Z 摄像机工具"■将镜头拉近，将"斜面样式"修改为"凸面"，调整"斜面深度"参数，可以看到画面中文字的倒角效果形成了，如图 3-22 所示。

图 3-21

图 3-22

3.3 摄像机

摄像机主要用来从不同的角度观察场景。其实我们一直在使用摄像机，当用户创建一个项目时，系统会自动建立一台摄像机，即"活动摄像机"，用户也可以在场景中创建多台摄像机，并为摄像机设置关键帧，从而得到丰富的画面效果。动画之所以不同于其他艺术形式，就在于它观察事物的角度是有着多种方式的，给观众带来不同于平时的视觉刺激。

摄像机在 After Effects 中也是作为一个图层出现的，新建的摄像机被排在堆栈图层的最上方，用户可以通过选择"图层→新建→摄像机"命令创建摄像机，此时会弹出"摄像机设置"对话框，如图 3-23 所示。

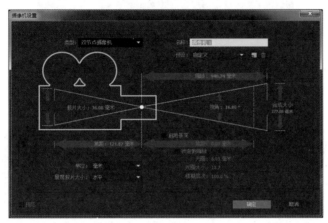

图 3-23

After Effects 中的摄像机和现实中的摄像机相同，用户可以调节镜头的类型、焦距和景深等。After Effects 提供了 9 种常见的摄像机镜头，下面简单介绍其中的几种镜头类型。

- 15mm 广角镜头：该镜头可视范围极大，但镜头会使看到的物体拉伸，产生透视上的变形，用这种镜头可以使画面变得很有张力，冲击力更强。
- 200mm 鱼眼镜头：该镜头可视范围极小，镜头不会使看到的景物发生变形。
- 35mm 标准镜头：这是常用的标准镜头，与人们肉眼看到的图像是一致的。

其他的几种镜头类型都在 15mm~200mm 之间，选中某一种镜头时，相应的参数也会发生变化。"视角"参数控制可视范围的大小；"胶片大小"指定胶片用于合成图像的面积；"焦距"则指定焦距长度。当一台摄像机在项目中被建立以后，用户可以在"合成"面板中调整摄像机的位置参数，也可以在该面板中看到摄像机的目标位置、机位等图标，如图 3-24 所示。

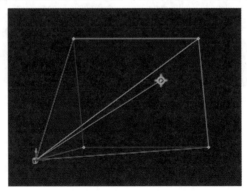

图 3-24

用户要调节这些参数，必须在另一个摄像机视图中进行，但不能在摄像机视图中选择当前的摄像机。工具箱中的摄像机工具可以帮助用户调整视图角度，它们都是针对摄像机工具而设计的，所以在项目中必须有 3D 图层存在，这样这些工具才能起作用，如图 3-25 所示。

图 3-25

- ■统一摄像机工具：该工具可以对摄像机进行综合调整。
- ◉轨道摄像机工具：使用该工具可以向任意方向旋转摄像机视图，调整到用户满意的位置。
- ✥跟踪 XY 摄像机工具：水平或垂直移动摄像机视图。
- ⬛跟踪 Z 摄像机工具：缩放摄像机视图。

下面具体介绍摄像机图层下的摄像机属性，如图 3-26 所示。

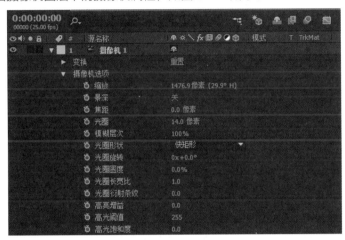

图 3-26

- 缩放：控制摄像机镜头到镜头视线框之间的距离。
- 景深：控制是否开启摄像机的景深效果。
- 焦距：控制镜头焦点的位置。该属性模拟了镜头焦点处的模糊效果，位于焦点的物体在画面中显得清晰，周围的物体会根据焦点的位置，进行模糊处理，如图 3-27 和图 3-28 所示。

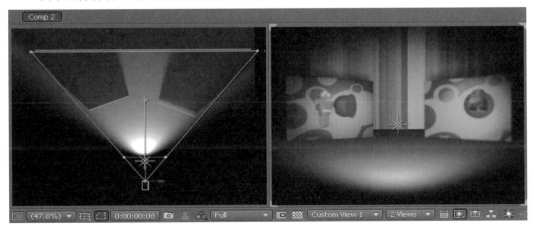

图 3-27

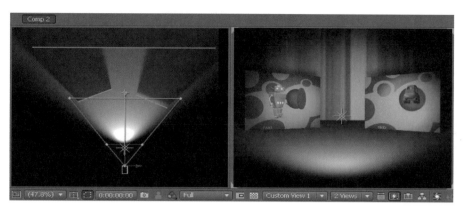

图 3-28

- 光圈：控制快门尺寸。镜头快门越大，受焦距影响的像素就越多，模糊范围也就越大。该属性与值相关联，为焦距到快门的比例。
- 模糊层次：控制聚焦效果的模糊程度。
- 光圈形状：控制模拟光圈叶片的形状模式，由多边形组成（从三边形到十边形）。
- 光圈旋转：控制光圈旋转的角度。
- 光圈圆度：控制模拟光圈形成的圆滑程度。
- 光圈长宽比：控制光圈图像的长宽比。

"光圈衍射条纹""高亮增益""高亮阈值""高光饱和度"属性只有在"经典 3D"模式下才会显示，主要用于控制"经典 3D"渲染器中高光部分的细节。

> **提示**
>
> After Effects 中的 3D 效果在实际制作过程中，都是用来辅助三维软件的，也就是说，大部分的三维效果都是用三维软件生成的，After Effects 中的 3D 效果多用来完成一些简单的三维效果，从而提高工作的效率，同时模拟真实的光线效果、丰富画面的元素，使影片效果更加生动。

3.4 利用表达式创建三维文字

01 首先在 Photoshop 中输入一段文字，在文字的表面制作样式效果，使其带有一定的金属质感，如图 3-29 所示。

图 3-29

02 启动 Adobe After Effects CC，选择"合成→新建合成"命令，弹出"合成设置"对话框，创建一个新的合成，命名为"三维"，并设置参数，如图 3-30 所示。

03 将在 Photoshop 中制作完成的平面文字导入 After Effects 中。需要注意的是，当导入 PSD 文件时需要选择以合成方式导入，这样 PSD 文件中的每个图层都会被单独导入，如图 3-31 所示。

图 3-30　　　　　　　　　　　　　　　　　　图 3-31

04 将其中的 PSD 图层拖入"时间轴"面板中，在该面板中单击右键选择"新建→纯色"命令（或选择"图层→新建→纯色"命令），创建一个固态图层并命名为"背景纯色"，如图 3-32 所示。

05 首先我们需要将文字图层转化为 3D 图层，单击该图层的 3D 图标，这样该图层就转换为了 3D 图层。使用旋转等工具来调整该图层在三维空间中的位置，如图 3-33 所示。

图 3-32　　　　　　　　　　　　　　　　　　图 3-33

06 在"时间轴"面板中选中文字图层，按快捷键 Ctrl+D 复制该图层，展开复制图层的时间轴属性，修改"位置"参数，可以试一下只要文字在纵深轴的方向上有所移动，如图 3-34 所示。

图 3-34

07 在"时间轴"面板中，单击右键选择"新建→摄像机"命令（或选择"图层→新建→摄像机"命令），创建一台摄像机并设置参数，如图 3-35 所示。

08 与其他图层不同，摄像机图层是通过独立的工具来控制的，可以在工具箱中找到这些工具，如图 3-36 所示。

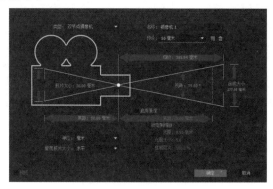

图 3-35

图 3-36

09 在"时间轴"面板中，选中文字图层，展开复制图层时间轴中的"变换"属性，选中"位置"参数，选择"动画→添加表达式"命令，为该参数添加表达式，如图 3-37 所示。

图 3-37

10 可以看到系统自动为参数设定了起始语句，我们在后面的位置输入表达式 transform.position+[0,0,(index-1)*1] 即可，打开"时间轴"面板的"父级"选项区域，可以在"时间轴"面板上单击右键，在弹出的菜单中勾选"父级"选项，如图 3-38 所示。

图 3-38

11 选中文字图层，按快捷键 Ctrl+D 复制该图层，选中下面的一个图层，拖曳"父级"面板上的螺旋图标至上一个文字图层，如图 3-39 所示。

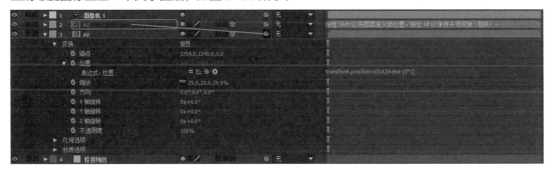

图 3-39

12 我们可以看到，下面的那个文字图层的"父级"面板中有了上一个图层的名称，这代表了两个图层之间建立了父子关系，如图 3-40 所示。

图 3-40

13 选中下面的那个文字图层，不断按下快捷键 Ctrl+D 复制多个该图层，如图 3-41 所示。

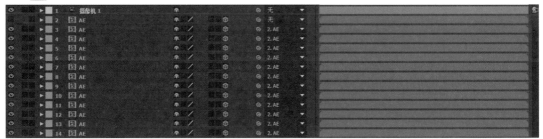

图 3-41

14 观察"合成"面板，可以看到立体的文字效果出来了，并且立体面是光滑的过渡效果，如图 3-42 所示。

图 3-42

第 4 章

常用内置效果

  熟悉 Photoshop 的用户对滤镜的概念不会陌生，类似于滤镜的"效果"功能是 After Effects 的核心内容。通过设置效果参数，能使影片达到理想的效果。After Effects CC 2015 继承了 After Effects 的所有"效果"功能，优化了部分效果的属性，并加入了一些新的效果。"效果"作为 After Effects 最有特色的功能，Adobe 公司一直以来开发力度始终不减。熟练掌握各种效果的使用是学习 After Effects 操作的关键，也是提高作品质量最有效的方法。After Effects 提供的效果将大大提高制作者对作品的创作空间，降低制作周期和成本。

  默认情况下，After Effects 自带的效果保存在程序安装文件夹下的 Plug-ins 子文件夹中。当启动 After Effects 后，程序将自动加载这些效果，并显示在"效果"菜单和"效果和预设"面板中。用户也可以自行安装第三方插件来丰富自己的"效果"功能。下面我们就来学习一些具有代表性的内置"效果"。

  通过学习本章内容我们将了解效果的基本操作方法。After Effect 中的所有效果都罗列在"效果"菜单中，也可以使用"效果和预设"面板来快速选择所需的效果。当对素材中一个图层添加效果后，"效果控件"面板将自动打开，同时该图层所在"时间轴"的效果属性中也会出现一个已添加效果的图标。我们可以单击 ☒ 图标来任意打开或关闭该图层效果。我们可以通过"时间轴"中的效果控制或"效果控件"面板对所添加效果的各项参数进行调整，如图 4-1 所示。

图 4-1

4.1　颜色校正

4.1.1　色阶

  执行"效果→颜色校正→色阶"命令，为当选图层添加"色阶"效果，如图 4-2 所示。

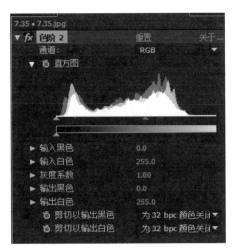

图 4-2

- 通道：选择需要修改的通道。分别是：RGB、红色、绿色、蓝色、Alpha。
- 直方图：显示图像中像素的分布状态。水平方向表示亮度值；垂直方向表示该亮度值的像素数量。输出黑色值是图像像素最暗的最低值；输出白色值是图像像素最亮的最高值。
- 输入黑色：用于设置输入图像黑色值的极限值。
- 输入白色：用于设置输入图像白色值的极限值。
- 灰度系数：设置灰度系统的值。
- 输出黑色：用于设置输出图像黑色值的极限值。
- 输出白色：用于设置输出图像白色值的极限值。

　　"色阶"效果用于将输入的颜色范围重新映射到输出的颜色范围，还可以改变灰度系数正曲线，是所有用来调整图像通道的效果中最精确的工具。色阶调节灰度可以在不改变阴影区和加亮区的情况下，改变灰度中间范围的亮度值。

　　调整画面的色阶是我们在实际工作中经常使用到的命令，当画面对比度不够时，我们可以通过拖曳左、右两边的三角图标来调整画面的对比度，使灰度区域或者那些对比度不够强烈的画面区域得到增强，如图 4-3 所示。

图 4-3

4.1.2 色相 / 饱和度

执行"效果→颜色校正→色相 / 饱和度"命令，为当选的图层添加效果，如图 4-4 所示。

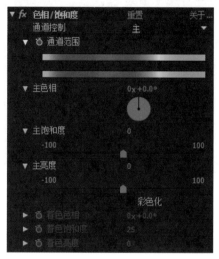

图 4-4

- 通道控制：选择不同的图像通道。分别为主、红色、黄色、绿色、青色、蓝色、洋红。在这里用户可以控制改变颜色的范围，例如选中红色通道，调整参数时将只会改变画面中红色区域的颜色，其他颜色将不受影响。
- 通道范围：设置色彩范围。色带显示颜色映射的谱线，上面的色带表示调节前的颜色；下面的色带表示在全饱和度下调整后所对应的颜色。
- 主色相：设置色调的数值，也就是改变某种颜色的色相，调整该参数可以使图像中的某种颜色发生改变，前提是画面中并没有其他颜色，如果有会同时改变。
- 主饱和度：设置饱和度。数值为 -100 时，图片转为灰度图；数值为 +100 时，将呈现像素化。
- 主亮度：设置亮度数值。数值为 -100 时，画面全黑；数值为 +100 时，画面全白。
- 彩色化：当选取该选项后，画面将呈现单色效果。
- 着色色相：设置前景的颜色，也就是单色的色相。
- 着色饱和度：设置前景饱和度。
- 着色亮度：设置前景亮度。

"色相 / 饱和度"主要用于细致调整图像的色彩，这也是 After Effects 最为常用的效果之一，我们能专门针对图像的色调、饱和度、亮度等做细微调整，如图 4-5 和图 4-6 所示。

图 4-5　　　　　　　图 4-6

4.1.3　曲线

执行"效果→颜色校正→曲线"命令，为当选的图层添加效果，如图 4-7 所示。

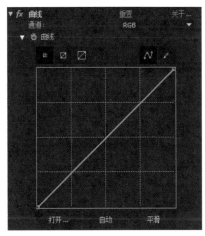

图 4-7

- 通道：选择色彩通道。分别为 RGB、红色、绿色、蓝色 、Alpha。
- ：单击不同的按钮，控制"曲线"窗口的大小。
- ：贝塞尔曲线图标。单击曲线上的点，拖曳改变曲线形状，从而调整图像色彩。
- ：铅笔工具。使用铅笔工具在绘图区域中绘制任意形状的曲线。
- 打开：文件夹选项。单击后将打开文件夹，方便导入之前设置好的曲线。
- 自动：自动调理。自动建立一条曲线，对画面进行处理。
- 平滑：平滑处理图标。例如用铅笔工具绘制一条曲线，再单击"平滑"图标让曲线形状更圆滑。多次平滑使曲线成为一条直线。

"曲线"效果通过改变"效果"窗口的曲线来改变图像的色调，从而调节图像的暗部和亮部的平衡，能在小范围内调整 RGB 数值。曲线的控制能力较强，它利用"亮区""阴影"和"中间色调"三个变量调整，如图 4-8 和图 4-9 所示。

图 4-8

图 4-9

4.1.4　三色调

执行"效果→颜色校正→三色调"命令，为当选的图层添加效果，如图 4-10 所示。

图 4-10

- 高光：设置高光部分被替换的颜色。
- 中间调：设置中间色部分被替换的颜色。
- 阴影：设置阴影部分被替换的颜色。
- 与原始图像混合：调整原图的融合程度。

"三色调"效果的主要功能是通过对原图中亮部、暗部和中间色做映射来改变不同色彩层的颜色信息。三色调效果与色调效果相似，但多出对中间色的控制，如图 4-11 和图 4-12 所示。

图 4-11

图 4-12

4.2 模糊和锐化

4.2.1 高斯模糊

执行"效果→模糊和锐化→高斯模糊"命令，如图 4-13 所示。

图 4-13

- 模糊度：用于设置模糊的强度。通常使用该工具时都会配合使用"遮罩"工具，这样可以局部调整模糊值。
- 模糊方向：调节模糊方位，分别为"全方位""水平方位""垂直方位"三种。
- 高斯模糊：模糊后的图片，画面非常柔和，不显得乱，边缘也非常平滑。这是其他模糊效果无法比拟的。

高斯模糊效果就是我们常在 Photoshop 等软件中用到的高斯模糊效果。用于模糊和柔化图像，可以去除杂点，图层的质量设置对高斯模糊没有影响。高斯模糊效果能产生更细腻的模糊效果，如图 4-14 和 4-15 所示。

图 4-14

图 4-15

4.2.2 定向模糊

执行"效果→模糊和锐化→定向模糊"命令，为当选的图层添加效果，如图 4-16 所示。

图 4-16

- 方向：调节模糊方向。控制器非常直观，指针方向就是运动方向，也就是模糊方向。当设置度数为 0 度或 180 度时，效果是相同的。如果在度数前加负号，模糊的方向将为逆时针方向。
- 模糊长度：调节模糊效果的长度。

"定向模糊"效果是由最初的"动态模糊"效果发展而来的。它比"动态模糊"效果更加强调不同方位的动态模糊效果，使画面带有强烈的运动感，如图 4-17 和图 4-18 所示。

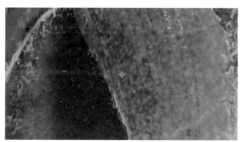

图 4-17

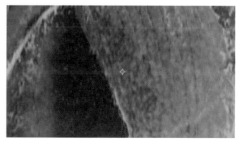

图 4-18

4.2.3　径向模糊

执行"效果→模糊和锐化→径向模糊"命令，为当选的图层添加效果，如图 4-19 所示。

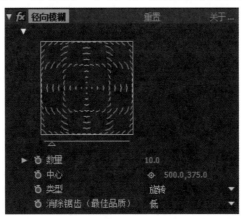

图 4-19

- 数量：调整画面模糊的程度。
- 中心：设置模糊中心在画面中的位置。
- 类型：设置模糊类型，共两种，分别是旋转和缩放。
- 消除锯齿（最佳品质）：设置抗锯齿品质，共两种，分别是高和低。

这是一个常用的效果，"径向模糊"能产生围绕一个点的模糊效果，可以模拟出摄像机推拉和旋转的效果，如图 4-20 和图 4-21 所示。

图 4-20

图 4-21

4.2.4　通道模糊

执行"效果→模糊和锐化→通道模糊"命令，为当选的图层添加效果，如图 4-22 所示。

图 4-22

- 红色模糊度：设置红色通道的模糊程度。
- 绿色模糊度：设置绿色通道的模糊程度。
- 蓝色模糊度：设置蓝色通道的模糊程度。
- Alpha 模糊度：设置 Alpha 通道的模糊程度。
- 边缘特性：单击选择，表示图像外边的像素是透明的；不选择表示图像外边的像素是半透明的。可以防止图像边缘变黑或变为透明。
- 模糊方向：设置模糊方向，共两种，分别是水平方向和垂直方向。

"通道模糊"可以根据画面颜色的分布，进行分别模糊处理，而不是对整个画面进行模糊处理，提供更大的模糊灵活性。其可以产生模糊发光的效果，或者对 Alpha 通道的画面进行应用，得到不透明的软边，如图 4-23 和图 4-24 所示。

图 4-23

图 4-24

4.3　生成

4.3.1　梯度渐变

执行"效果→生成→梯度渐变"命令，如图 4-25 所示。

- 渐变起点：设置渐变在画面中的起始位置。
- 起始颜色：设置渐变的起始颜色。
- 渐变终点：设置渐变在画面中的结束位置。
- 结束颜色：设置渐变的结束颜色。
- 渐变形状：调整渐变模式，共两种，分别是线性渐变和径向渐变。
- 渐变散射：调整渐变区域的分散情况，提高参数会使渐变区域的像素散开，产生类似毛玻璃的感觉。
- 与原始图像混合：调整渐变效果和原始图像的混合程度。

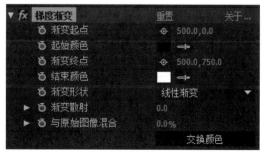

图 4-25

- 交换颜色：将起始的颜色和结束的颜色对调交换。

"梯度渐变"是最实用的 After Effects 内置插件之一，多用于制作双色渐变颜色贴图，如图 4-26 和图 4-27 所示。

图 4-26　　　　　　　　　　　　　　　　图 4-27

4.3.2　四色渐变

执行"效果→生成→四色渐变"命令，如图 4-28 所示。

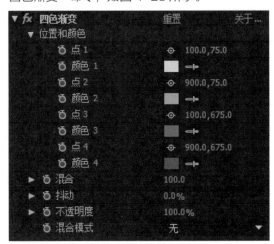

图 4-28

- 位置和颜色：用来设置 4 种颜色的中心点和各自的颜色。
- 混合：调整颜色的过渡层次数，数值越高，颜色之间过渡得也就越平滑。
- 抖动：调整颜色的过渡区域（渐变区域）的抖动（杂色）数量。
- 不透明度：调整颜色的透明度。
- 混合模式：控制 4 种颜色之间的混合模式，共 18 种，分别是无、正常、相加、相乘、滤色、叠加、柔光、强度、颜色减淡、颜色加深、变暗、变亮、差值、排除、色相、饱和度、颜色、发光度。

"四色渐变"是最实用的 After Effects 内置插件之一，多用于制作双色的渐变颜色贴图，能够快速制作有多种颜色的渐变图，可以模拟霓虹灯、流光异彩等迷幻的效果。颜色过渡相对平滑，但是不如单独固态层的控制来得自由，如图 4-29 和图 4-30 所示。

图 4-29　　　　　　　　　　　　　　　　　　图 4-30

4.3.3　高级闪电

执行"效果→生成→高级闪电"命令，如图 4-31 ~ 图 4-34 所示。

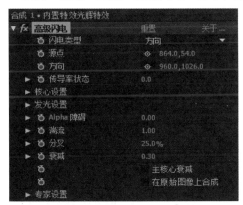

图 4-31

图 4-32

图 4-33

图 4-34

- 闪电的类型：共 8 种，分别是方向、打击、阻断、回弹、全方位、随机、垂直、双向打击。
- 源点：设置闪电源点在画面中的位置。
- 方向 / 外径：调整闪电源点在画面中的方向或者闪电的外径。
- 传导率状态：调整闪电的状态。
- 核心设置：用来设置闪电核心的颜色、半径和透明度。
  - 核心半径：调整闪电核心的半径。
  - 核心不透明度：调整闪电核心的透明度。

        ➤ 核心颜色：调整闪电核心的颜色。

- 发光设置：用来设置闪电外围辐射的颜色、半径和透明度。
  - ➤ 发光半径：调整闪电外围辐射的半径。
  - ➤ 发光不透明度：调整闪电外围辐射的透明度。
  - ➤ 发光颜色：调整闪电外围辐射的颜色。
- Alpha 障碍：闪电会受到当前图层 Alpha 通道的影响，参数 <0 会进入 Alpha 内；参数 >0 会远离 Alpha。
- 湍流：调整闪电的混乱程度，数值越高击打越复杂。
- 分叉：调整闪电的分支。
- 衰减：设置闪电的衰减。
- 专家设置：对闪电进行高级设置。
  - ➤ 复杂度：调整闪电的复杂程度。
  - ➤ 最小分叉距离：调整闪电分叉之间的距离。
  - ➤ 终止阈值：为低值时闪电更容易终止。如果打开了"Alpha 障碍"，反弹的次数也会减少。
  - ➤ 核心消耗：调整分支从核心消耗的能量的多少。
  - ➤ 分叉强度：调整分叉从主干汲取能量的力度。
  - ➤ 分叉变化：调整闪电的分叉变化。

"高级闪电"是 After Effects CC 2015 专门用来制作闪电效果的效果，如图 4-35 和图 4-36 所示。

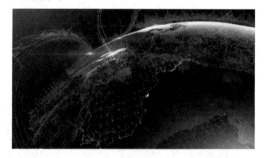
图 4-35

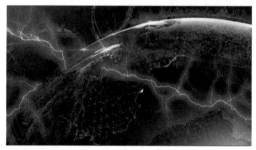
图 4-36

4.4 风格化

4.4.1 发光

执行"效果→风格化→发光"命令，如图 4-37 所示。

图 4-37

- 发光基于：选择发光作用通道。共两种，分别是 Alpah 通道和颜色通道。
- 发光阈值：调整发光的程度。
- 发光半径：调整发光的半径。
- 发光强度：调整发光的强度。
- 合成原始项目：原画面合成。
- 发光操作：选择发光模式，类似层模式的选择。
- 发光颜色：选择发光颜色。
- 颜色循环：选择颜色循环。
- 颜色循环：颜色的循环方式。
- 色彩相位：调整颜色相位。
- A 和 B 中点：颜色 A 和 B 的中点百分比。
- 颜色 A：选择颜色 A 的颜色。
- 颜色 B：选择颜色 B 的颜色。
- 发光维度：选择发光作用方向，共三种，分别是水平、垂直，以及水平和垂直。

"发光"经常用于图像中的文字和带有 Alpha 通道的图像，使其产生发光的效果，如图 4-38 和图 4-39 所示。

图 4-38

图 4-39

4.4.2 闪光灯

执行"效果→风格化→闪光灯"命令，如图 4-40 所示。

图 4-40

- 闪光颜色：选择闪光颜色。
- 与原始图像混合：调整和原图像的混合程度。
- 闪光持续时间（秒）：调整闪光周期，以"秒"为单位。
- 闪光间隔时间（秒）：调整间隔时间，以"秒"为单位。
- 随机闪光概率：调整闪光随机性。
- 闪光：选择闪光方式，共两种，分别是"仅对颜色操作"和"使图层透明"。
- 闪光运算符：选择闪光灯的叠加模式。
- 随机植入：闪光随机植入。

"闪光灯"效果是一个随时间变化的效果，在一些画面中不断加入一帧闪白、其他颜色或应用一帧层模式，然后立刻恢复，使连续画面产生闪烁的效果，可以用来模拟计算机屏幕的闪烁或配合音乐增强的感染力，如图 4-41 和图 4-42 所示。

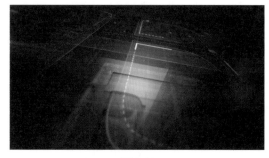

图 4-41

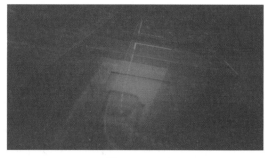

图 4-42

4.5 过渡

4.5.1 渐变擦除

执行"效果→过渡→渐变擦除"命令，如图 4-43 所示。

图 4-43

- 过渡完成：调整渐变的完成度。
- 过渡柔和度：调整渐变过渡的柔和度。
- 渐变图层：选择需要渐变的图层。
- 渐变位置：共 3 种，分别是拼贴渐变、中心渐变、伸缩渐变以适合。
- 反转渐变：选中后能使渐变发生反转。

"渐变擦除"的主要功能是让画面柔和过渡，使画面转场不显得过于生硬，如图 4-44 ~ 图 4-47 所示。

图 4-44

图 4-45

图 4-46

图 4-47

4.5.2 块溶解

执行"效果→过渡→块溶解"命令，如图 4-48 所示。

图 4-48

- 过渡完成：转场完成的百分比。
- 块宽度：调整块宽度。
- 块高度：调整块宽高度。
- 羽化：调整板块边缘的羽化程度。
- 柔化边缘：选择后能使边缘柔化。

"块溶解"效果主要是能够随机产生板块效果从而溶解图像，达到图像转换的目的，如图 4-49 ~ 图 4-52 所示。

图 4-49

图 4-50

图 4-51

图 4-52

4.5.3 卡片擦除

执行"效果→过渡→卡片擦除"命令，如图 4-53 ~ 图 4-55 所示。

图 4-53

- 过渡完成：设置过渡效果的完成程度。
- 过渡宽度：设置原图像和底图之间动态转换区域的宽度。
- 背面图层：选择过渡效果后将被显示的背景层。如果背景层是另外一张图像，并且被施加了其他效果，那么最终只显示原图像，其施加效果不显示。过渡区域显示图像是原图像层下一层的图像。如果原图像层的下一层图像和过渡层图像是同一个被施加效果的图像，那么过渡区域显示的是施加效果的图像，最终显示的还是原图像。如果希望最终效果图像保留原来施加的效果，背景图层选择"无"选项。
- 行数和列数：设置横、竖两列卡片数量的交互方式。"独立"是允许单独调整行数和列数；"列数受行数控制"是设置只允许调整行数的数量，并且行数和列数的数量相同。
- 行数：设置行数。
- 列数：设置列数。
- 卡片缩放：设置卡片的缩放比例。数值小于 1.0，卡片与卡片之间出现空隙；大于 1.0，出现重叠效果。通过与其他属性配合能模拟出其他过渡效果。
- 翻转轴：设置翻转变换的轴。X 是在 X 轴方向变换；Y 是在 Y 轴方向变换；"随机"是为每张卡片设定随机的翻转方向，产生变幻的翻转效果，更加真实、自然。
- 翻转方向：设置翻转变换的方向。当翻转轴为 X 轴时，"正向"是从上往下翻转卡片；"反向"是从下往上翻转卡片；当翻转轴为 Y 时，"正向"是从左往右翻转卡片；"反向"是从右往左翻转卡片；"随机"是随机设置翻转方向。
- 翻转顺序：设置卡片翻转的先后次序。共 9 种选择，分别是从左到右的次序；从右到左的次序；自上而下的次序；自下而上的次序；左上到右下的次序；右上到左下的次序；左下到右上的次序；右下到左上的次序。"渐变"是按照原图像的像素亮度值来决定变换次序的，黑的部分先变换，白的部分后变换。
- 渐变图层：设置渐变层，默认为原图像。可以自己制作渐变图像并设置成渐变层，这样就能实现无数种变换效果。
- 随机时间：设置一个偏差数值来影响卡片转换开始的时间，按原精度转换，数值越高，时间的随机性越高。
- 随机植入：用来改变随机变换时的效果，通过在随机计算中插入随机数值来产生新的结果。"卡片擦除"模拟的随机变换与通常的随机变换还是有区别的，通常我们说的随机变换往往是不可逆转的，但我们在"卡片擦除"中却可以随时查看随机变换的过程。"卡片擦除"的随机变换其实是在变换前就确定一个非规则变换的数值，但确定后就不再改变了，每个卡片就按照各自的初始数值变换，过程中不再产生新的变换值。而且两个以上的随机变换属性重叠使用的效果并不明显，通过设置随机插入数值我们能得到更加理想的随机效果。在不使用随机变换的情况下，随机植入对变换过程没有影响。
- 摄像机位置：通过设置摄像机位置、边角定位，或者合成摄像机三个属性，能够模拟出三维的变换效果。"摄像机位置"是设置摄影机的位置；"边角定位"是自定义图像四个角的位置；"合成摄像机"是追踪相机轨迹和光线位置，并在层上渲染出 3D 图像。

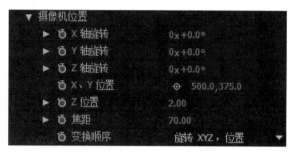

图 4-54

> X 轴旋转：绕 X 轴的旋转角度。

> Y 轴旋转：绕 Y 轴的旋转角度。

> Z 轴旋转：绕 Z 轴的旋转角度。

> X、Y 位置：设置 X、Y 轴的交点位置。

> Z 位置：设置摄影机在 Z 轴的位置。数值越小，摄影机离层的距离越近；数值越大，离得越远。

> 焦距：设置焦距效果。数值越大焦距越近，数值越小焦距越远。

> 变换顺序：设置摄影机的旋转坐标系和在施加其他摄影机控制效果的情况下，摄影机位置和旋转的优先权。"旋转 X，位置"是先旋转再位移；"位置，旋转 X"是先位移再旋转。

● 灯光：设置灯光的效果。

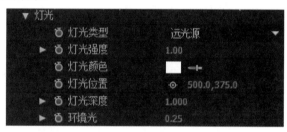

图 4-55

> 灯光类型：设置灯光的类型。共 3 种，分别是点光源、远光源、合成光源（首选）。

> 灯光强度：设置光的强度。数值越高，灯光越亮。

> 灯光颜色：设置光线的颜色。

> 灯光位置：在 X、Y 轴的平面上设置光线位置。可以单击灯光位置的靶心标志，然后按住 Alt 键在"合成"面板上移动鼠标，光线随鼠标移动变换，可以动态对比出哪个位置更好，但比较耗资源。

> 灯光深度：设置光线在 Z 轴的位置。负值情况下光线移到层背后。

> 环境光：设置环境光效果，将光线分布在整个层上。

● 材质：设置卡片的光线反馈值。

● 位置抖动：设置在整个转换过程中，在 X、Y 和 Z 轴上的附加抖动量和抖动速度。

● 旋转抖动：设置在整个转换过程中，在 X、Y 和 Z 轴上的附加旋转抖动量和旋转抖动速度。

"卡片擦除"的主要功能是模拟一种由众多卡片组成一张图像，然后通过翻转每张小的卡片来变换到另一张卡片的过渡效果。"卡片擦除"能产生过渡效果中动感最强的过渡效果，参数也是最复杂的，包含灯光、摄影机等的设置。通过设置相关参数能模拟出百叶窗和纸灯笼的折叠变换效果，如图 4-56 ~ 图 4-59 所示。

图 4-56

图 4-57

图 4-58

图 4-59

4.6　杂色和颗粒

4.6.1　杂色 Alpha

执行"效果→杂色和颗粒→杂色 Alpha"命令，如图 4-60 所示。

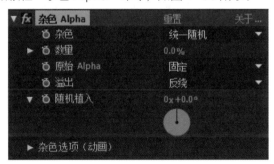

图 4-60

- 杂色：选择杂色和颗粒模式，共 4 种，分别是统一随机、方形随机、统一动画、方形动画。
- 数量：调整杂色和颗粒的数量。

- 原始 Alpha：共 4 种，分别是相加、固定、缩放、边缘。
- 溢出：设置杂色和颗粒图像色彩值的溢出方式，共 3 种，分别是剪切、反绕、回绕。
- 随机植入：调整杂色和颗粒的方向。
- 杂色选项（动画）：选中"循环杂色"选项后，能够调整杂色和颗粒的旋转次数。

"杂色 Alpha"能够在画面中产生黑色的杂点图像，如图 4-61 和图 4-62 所示。

图 4-61　　　　　　　　　　　　　图 4-62

4.6.2　分形杂色

执行"效果→杂色和颗粒→分形杂色"命令，如图 4-63 ~ 图 4-65 所示。

图 4-63

- 分形类型：指定生成杂色和颗粒的类型。
- 杂色类型：设置分形杂色类型，"块"为最低级，往上依次增加；"样条"为最高级，噪点平滑度最高，但是渲染时间最长。
- 反转：反转图像的黑色与白色。
- 对比度：调整杂色和颗粒的对比度。
- 亮度：调整杂色和颗粒的明度。
- 溢出：设置杂色和颗粒图像色彩值的溢出方式。
- 变换：设置杂色和颗粒图像色彩值的溢出方式、图像的旋转、缩放、位移等属性。

图 4-64

> 旋转：旋转杂色和颗粒纹理。

> 统一缩放：勾选该选项锁定缩放时的长宽比；反之分别调整长度和宽度。

> 缩放：缩放杂色和颗粒纹理。

> 偏移（湍流）：调整杂色和颗粒纹理中点的坐标。移动坐标点，可以使图像形成简单的动画。

● 复杂度：设置杂色和颗粒纹理的复杂度。

● 子设置：设置一些杂色和颗粒纹理的子属性。

图 4-65

> 子影响（%）：设置杂色和颗粒纹理的清晰度。

> 子缩放：设置杂色和颗粒纹理的次级缩放。

> 子旋转：设置杂色和颗粒纹理的次级旋转。

> 子位移：设置杂色和颗粒纹理的次级位移。

● 演化：可以使杂色和颗粒纹理发生变化，而不是旋转。

● 演化选项：设置一些杂色和颗粒纹理的变化度属性，例如随机种子数、扩展圈数等。

● 不透明度：设置杂色和颗粒图像的不透明度。

● 混合模式：调整杂色和颗粒纹理与原图像的混合模式。

"分形杂色"效果主要用于模拟如气流、云层、岩浆、水流等效果，如图 4-66 ～图 4-68 所示。

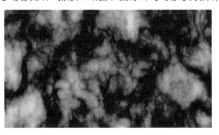

图 4-66

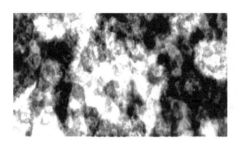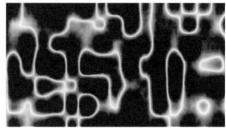

图 4-67   图 4-68

4.7 案例解析：文字特效

本节这个文字特效实例是运用 After Effects CC 2015 内置效果完成的，其运用了"色相／饱和度""曲线""色阶""斜面 Alpha""碎片""高级闪电"等 After Effects 常用的内置效果，如图 4-69 所示。

图 4-69

01 启动 Adobe After Effects CC 2015，选择"合成→新建合成"命令，弹出"合成设置"对话框，创建一个新的合成，命名为"常用内置效果"，并设置参数，如图 4-70 所示。

02 选择"文件→导入→文件"命令，选择一张合适的背景素材导入，单击图片并拖至刚建立的"常用内置效果"合成窗口中，拖曳图片四周带有 8 个小正方形图标的边框，将图片缩放到合适的大小，如图 4-71 所示。

图 4-70   图 4-71

03 选择"效果→颜色校正→色相/饱和度"命令，选择"主"控制通道，旋转"主色相"圆盘上的指针，将背景调整到合适的颜色。拖动"主饱和度"和"主亮度"上的小标记，将画面调整到合适的饱和度和亮度，如图 4-72 和图 4-73 所示。

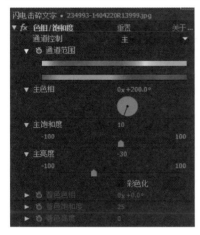

图 4-72   图 4-73

04 选择"效果→颜色校正→曲线"命令，选中网格中的对角线，并适当地拉低，利用"曲线"效果来调节图像的暗部和亮部的平衡，如图 4-74 和图 4-75 所示。

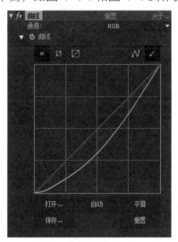

图 4-74

图 4-75

05 选择"图层→新建→纯色"命令，弹出"纯色设置"对话框，选择一个合适的颜色，建立一个纯色背景，命名为"纯色"，并设置参数，如图 4-76 所示。

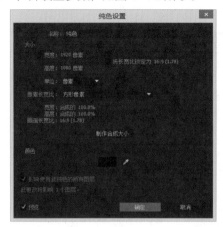

图 4-76

06 在工具箱中选择"椭圆"工具，建立一个合适的椭圆形，在"常用内置效果"合成窗口中展开蒙版属性，在"蒙版 1"中选择"相减"选项，将蒙版羽化和蒙版扩展调整到合适的效果，如图 4-77 和图 4-78 所示。

图 4-77

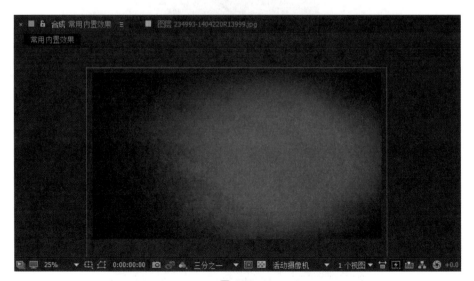

图 4-78

07 选择"图层→新建→文本"命令，输入"常用内置效果"，并在"字符"面板中调整到合适的效果，如图 4-79 和图 4-80 所示。

图 4-79

图 4-80

08 再次将背景素材拖至"常用内置效果"合成窗口中，将图片调整到能够覆盖文字的大小，在"轨道遮罩"中选择"Alpha 遮罩'常用内置效果'"，如图 4-81 和图 4-82 所示。

图 4-81

图 4-82

09 选择第二张背景图层，选择"效果→颜色校正→色相/饱和度"命令，调整"主色相"到合适的颜色，调整"主饱和度"和"主亮度"，将画面调整到合适的饱和度和亮度，如图 4-83 和图 4-84 所示。

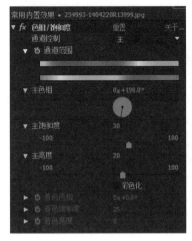

图 4-83   图 4-84

10 选择"效果→颜色校正→色阶"命令，拖曳左、右两边的三角形图标，适当加强灰度区域画面的对比度，将文字调整到合适的效果，如图 4-85 和图 4-86 所示。

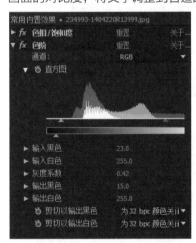

图 4-85   图 4-86

11 选中图层 1 和图层 2，选择"图层→预合成"命令，建立预合成"文字"，如图 4-87 和图 4-88 所示。

图 4-87

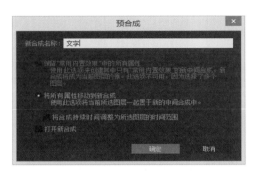

图 4-88

12 选择 "文字" 图层，选择 "效果→透视→斜面 Alpha" 命令，调整 "边缘厚度" 参数和 "灯光角度" 圆盘上的指针，得到合适的斜面效果，如图 4-89 和图 4-90 所示。

图 4-89

图 4-90

13 选择 "效果→透视→投影" 命令，"阴影颜色" 选择适合的投影颜色，旋转 "方向" 圆盘上的指针，调整到合适的投影方向，"距离" 调整到合适的投影距离，如图 4-91 和图 4-92 所示。

图 4-91

图 4-92

14 选择 "效果→模拟→碎片" 命令，"视图" 选择 "已渲染"，拖曳时间轴指针观察碎片效果。在 "形状" 属性的 "图案" 中选择一个合适的碎片图案，调整 "重复" 参数，选择一个合适的碎片数量，如图 4-93 和图 4-94 所示。

图 4-93

图 4-94

15 在"碎片→作用力 1 →位置"中，单击参数前的定位图标，在画面中选择合适的"作用力 1"位置，此时是动画的开始，选择能完全显示文字的位置，在第 1 帧单击"位置"前的定位图标，建立关键帧，如图 4-95 ~ 图 4-97 所示。

图 4-95

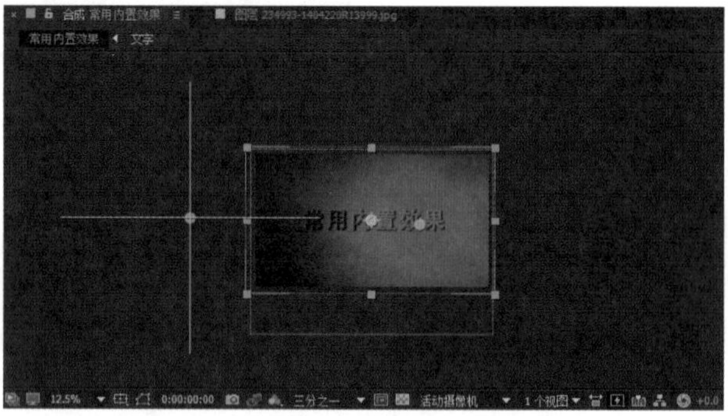

图 4-96

图 4-97

16 在合适的时间，在"碎片→作用力 1 →位置"中，单击参数前的定位图标，在画面中选择合适的"作用力 1"的位置，此时为动画结束，选择能够让文字全部消失的位置，移动时间轴，查看动画效果，如图 4-98 ~ 图 4-100 所示。

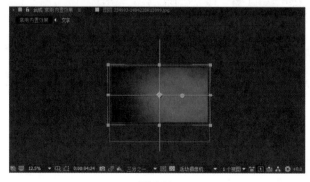
图 4-98

图 4-99

图 4-100

17 选择"图层→新建→纯色"命令，弹出"纯色设置"对话框，建立一个纯色背景，命名为"闪电 "，并设置参数，如图 4-101 所示。

图 4-101

18 选择"效果→生成→高级闪电"命令，在"闪电类型"中选择"击打"模式，在"源点"单击参数前的定位图标，在画面上选择合适的源点位置，单击"方向"参数前的定位图标，将位置定在文字的左侧，并单击"方向"前的码表图标，建立关键帧，在"核心设置→核心半径"中调整闪电的粗细，如图 4-102 和图 4-103 所示。

图 4-102

图 4-103

19 在文字完全消失的时间点上，单击"高级闪电→方向"参数前的定位图标，将位置定在文字的右侧，如图 4-104～图 4-106 所示。

图 4-104

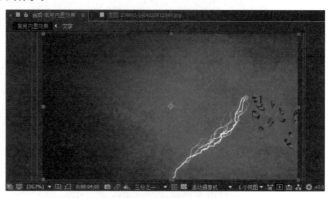

图 4-105

图 4-106

20 选择"图层→新建→纯色"命令，弹出"纯色设置"对话框，建立一个纯色背景，命名为"镜头光晕"，并设置参数，如图 4-107 所示。

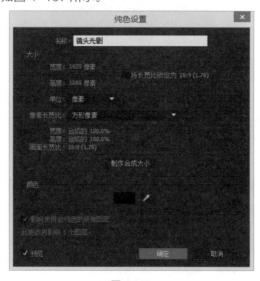

图 4-107

21 选择"效果→生成→镜头光晕"命令，"镜头类型"选择"105 毫米定焦"，调整"光晕高度"参数将光晕到合适的大小，单击"光晕中心"参数前的定位图标，将光晕位置调整到文字左侧。在合成栏，将图层模式改变为"相加"，如图 4-108～图 4-111 所示。

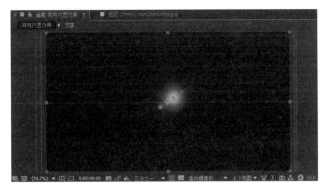

图 4-108

图 4-109

图 4-110

图 4-111

22 在文字完全消失的时间点上，单击"镜头光晕→光晕中心"参数前的定位图标，将位置定在文字的右侧，如图 4-112 ～图 4-114 所示。

图 4-112

图 4-113

图 4-114

23 选中"文字"图层，选择"编辑→复制"命令，再选择"编辑→粘贴"命令，在复制后的"文字"图层的效果控制栏删除"碎片"效果。选择"效果→颜色校正→色相/饱和度"命令，调整"主饱和度"参数降低饱和度，调整"主明度"参数提升明度，如图 4-115 和图 4-116 所示。

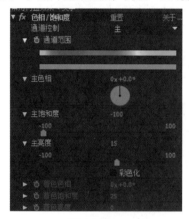

图 4-115

图 4-116

最后的效果如图 4-117 和图 4-118 所示。

图 4-117

图 4-118

第 5 章

基础应用

本章通过实例操作来综合应用前面章节所讲到一些"效果"命令，多命令之间的随机组合可以创造出不同的画面效果，这也是软件编写人员所不能预见到的，我们在遇到一个效果时需要有机地将不同的效果融入我们的作品中。

5.1 调色实例

在 After Effects 中有许多重要的效果都是针对色彩调整的，但单一地使用一个工具调整画面的颜色，并不能为画面效果带来质的改变，需要综合应用手中的工具，进行色彩的调整。

数字技术的不断提高，无论在硬件或软件上，人们都在不断改进对色彩调整手段的多样性，这包括上百万元的"胶转磁"系统设备，这也体现出人们对胶片特有的色彩饱和度和颗粒感的迷恋。这并不是说只要使用了高档的设备或电影胶片，无论是谁都可以拍出完美的色彩效果。大家在电视、电影中看到的各种各样的画面色彩效果都是通过后期软件进一步加工得来的。

01 选择"合成→新建合成"命令，弹出"合成设置"对话框，创建一个新的合成，命名为"画面调色"，并设置参数，如图 5-1 所示。

02 选择"文件→导入→文件…"命令，在"项目"面板选中导入的素材文件，将其拖入"时间轴"面板，图像将被添加到合成影片中，在"合成"面板中将显示出图像。如图 5-2 所示。

图 5-1   图 5-2

03 按快捷键 Ctrl+Y，在"时间轴"面板中创建一个纯色层，弹出"纯色层设置"对话框，创建一个蓝色的纯色层，颜色尽量饱和一些。在"时间轴"面板中将蓝色的纯色层放在素材的上方，如图 5-3 所示。

图 5-3

04 将蓝色纯色层的混合模式改为"叠加"，注意观察素材树叶的颜色已经变成蓝色，这是为了下一步更好地叠加调色，如图 5-4 所示。

05 选中建立的纯色层，可以通过为蓝色纯色层添加"色相/饱和度"效果修改纯色层的色相，从而改变树叶的颜色，如图 5-5 所示。

图 5-4　　　　　　　　　　　　　　　　　　图 5-5

06 在"时间轴"面板中选中"树叶"所在的层，展开"效果→色彩校正→色相/饱和度"，在"效果控件"面板中的"色相/饱和度"效果下旋转"主色相"转盘，从而调整颜色，如图 5-6 所示。

07 观察"树叶"发现已经被赋予黄色的效果，我们可以通过修改"主饱和度"参数调整色彩的饱和度，如图 5-7 所示。

图 5-6　　　　　　　　　　　　　　　　　　图 5-7

5.2　画面颗粒

01 启动 Adobe After Effects，选择"合成→新建合成"命令，弹出"合成"对话框，创建一个新的合成，命名为"画面颗粒"，并设置参数，如图 5-8 所示。

02 选择"文件→导入→文件"命令，在"项目"面板选中导入的素材文件，将其拖入"时间轴"面板，图像将被添加到合成影片中，在"合成"面板中将显示出图像，如图 5-9 所示。

图 5-8   图 5-9

03 这是一段色彩浓郁的素材，而老电影受到当时技术手段的限制，拍摄的画面都是黑白的，并且很粗糙，所以需要模拟这些效果。在"时间轴"面板中选中素材，选择"效果→杂色与颗粒→添加颗粒"命令，调整"查看模式"为"最终输出"模式，展开"微调"属性修改"强度"参数为3，"大小"参数为 0.4，如图 5-10 所示。

图 5-10

04 在"时间轴"面板中选中素材，选择"效果→颜色校正→色相/饱和度"命令，勾选"彩色化"选项，将画面变成单色，调整"着色色相"参数为 0x+35.0°，如图 5-11 所示。

图 5-11

5.3 火焰背景

01 启动 Adobe After Effects，选择"合成→新建合成"命令，弹出"合成"对话框，创建一个新的合成，命名为"火焰背景"，并设置参数，如图 5-12 所示。

02 在"时间轴"面板中，选择"新建→纯色"命令（或者按下快捷键 Ctrl+Y），创建一个纯色层并命名为"火焰"，如图 5-13 所示。

图 5-12　　　　　　　　　　　　　　　　　　　图 5-13

03 在"时间轴"面板中选中新创造的纯色层，选择"效果→杂色和颗粒→湍流杂色"命令。在"效果控件"面板中设置参数，将"杂色类型"改为"动态扭转"，将"杂色类型"改为"柔和线性"，将"对比度"改为 400，"亮度"改为 –40，不勾选"统一缩放"选项，"缩放宽度"改为 180，"缩放高度"改为 290，如图 5-14 所示。

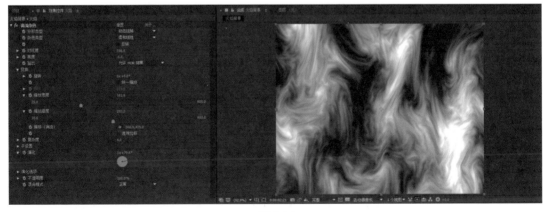

图 5-14

04 在"时间轴"面板中选中"火焰"层，将图层的"效果"属性左边的小三角图标打开，展开该层的"湍流杂色"属性。选择"演化"属性，单击该属性左边的码表图标，为该属性设置关键帧。将"演化"设置为 0x6.2°，将时间指示器移动到 0:00:05:00 的位置，如图 5-15 所示。

图 5-15

05 在"时间轴"面板中,选择"效果→颜色校正→色光"命令,在"效果控件"面板中设置参数,将"使用预设调板"改为"火焰",如图 5-16 所示。

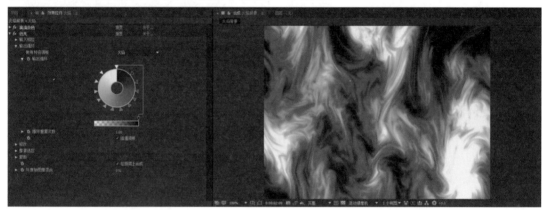

图 5-16

06 按下数字键盘上的 0 键,预览播放动画效果。可以看到火焰的效果,如图 5-17 所示。

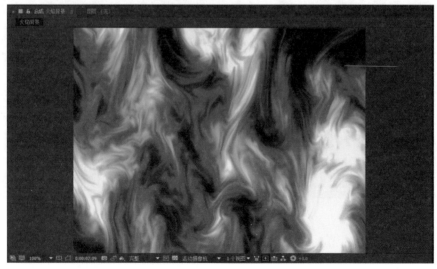

图 5-17

5.4　发光背景

01 选择"合成→新建合成"命令，新建一个合成，并设置参数，如图 5-18 所示。

02 按快捷键 Ctrl + Y，新建一个纯色层，设置颜色为黑色，命名为"光线效果"，如图 5-19 所示。

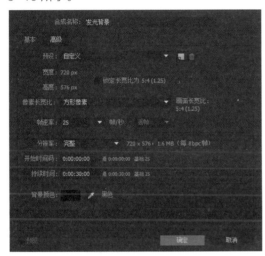

图 5-18

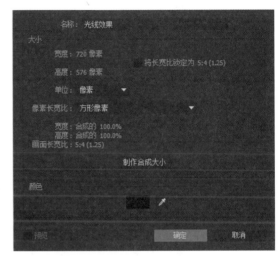

图 5-19

03 选中"光线效果"层，选择"效果→杂色和颗粒→湍流杂色"命令，并设置"湍流杂色"效果的属性参数，如图 5-20 所示。

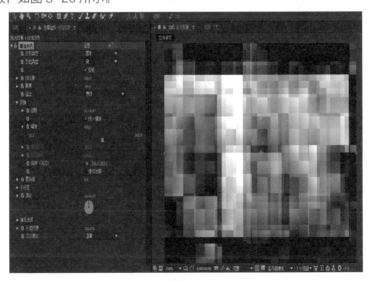

图 5-20

04 选择"效果→模糊和锐化→方向模糊"命令，将"模糊长度"参数调整为 100，对画面实施方向性模糊，使画面产生线形的光效，如图 5-21 和图 5-22 所示。

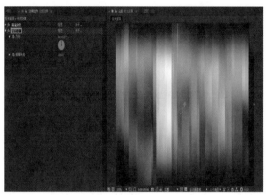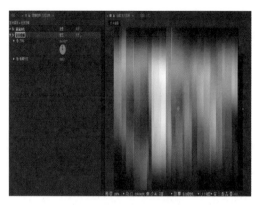

图 5-21   图 5-22

05 下面调整画面的颜色，选择"效果→颜色校正→色相饱和度"命令，我们需要的画面是单色的，所以要勾选"彩色化"选项，调整"着色色相"参数为 260，画面呈现蓝紫色，如图 5-23 所示。

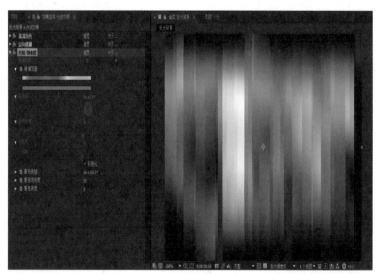

图 5-23

06 选择"效果→风格化→发光"命令，为画面添加发光效果。为了得到丰富的高光变化，"发光颜色"设置为 A 类型，并调整其他相关参数，如图 5-24 和图 5-25 所示。

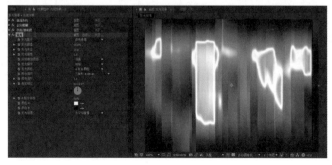

图 5-24

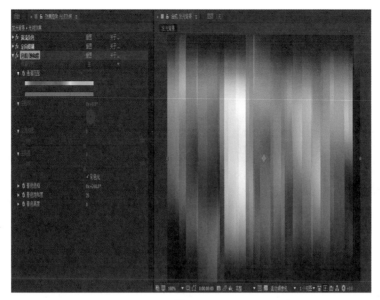

图 5-25

[07] 选择"效果→风格化→发光"命令，为画面添加发光效果。为了得到丰富的高光变化，"发光颜色"设置为 A 类型，并调整其他相关参数，如图 5-26 所示。

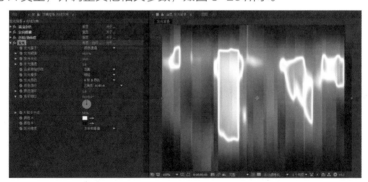

图 5-26

[08] 选择"效果→扭曲→极坐标"命令，使画面产生极坐标变形，设置"插值"值为 100%，设置"转换类型"为"矩形到极线"类型，如图 5-27 所示。

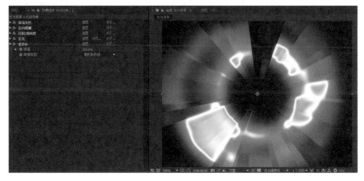

图 5-27

09 下面为光效设置动画，找到"湍流杂色"效果的"演化"属性，单击属性左边的码表图标，在时间起始处和结束处分别设置关键帧，然后按下数字键盘的 0 键，播放动画并观察效果，如图 5-28 所示。

图 5-28

10 本例一共使用了 5 种效果，根据不同的画面要求，可以使用不同的效果，最终所呈现的效果是不同的。用户还可以通过"色相 / 饱和度"的"着色色相"属性设置光效颜色变化的动画，如图 5-29 所示。

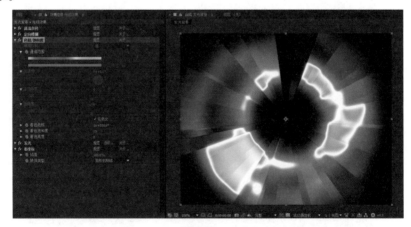

图 5-29

5.5 粒子光线

01 启动 Adobe After Effects ，选择"合成→新建合成"命令，弹出"合成"对话框，创建一个新的合成，命名为"粒子光线"，并设置参数，如图 5-30 所示。

02 在"时间轴"面板中，单击右键选择"新建→纯色"命令（或选择"图层→新建→纯色"命令），创建一个纯色层并命名为"白色线条"，将"宽度"改为 2，"高度"改为 405，将"颜色"改为白色，如图 5-31 所示。

图 5-30

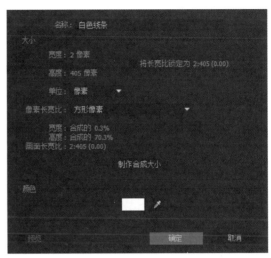

图 5-31

03 在"时间轴"面板中，选择"新建→纯色"命令（或者按快捷键 Ctrl+Y），创建一个纯色层并命名为"发射器"，如图 5-32 所示。

04 在"时间轴"面板中选中"发射器"层，选择"效果→模拟→粒子运动场"命令。按下数字键盘上的 0 键，预览动画效果，如图 5-33 所示。

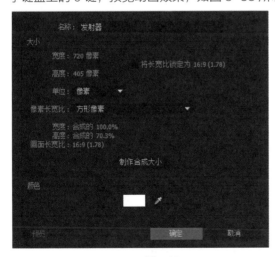

图 5-32

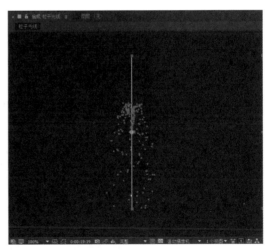

图 5-33

05 在"效果控件"面板中设置参数，展开"发射"属性，将"圆筒半径"改为 400，"每秒粒子数"改为 60，"随机扩散方向"改为 20，"速率"改为 130，如图 5-34 所示。

06 将"图层映射"属性展开，将"使用图层"改为"线条"。按下数字键盘上的 0 键，预览动画效果。再将"重力"属性展开将"力"改为 0，如图 5-35 所示。

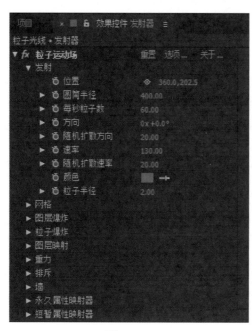

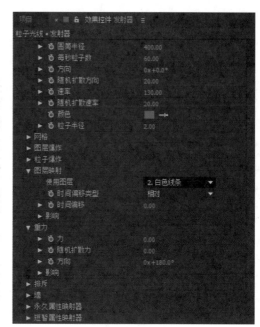

图 5-34   图 5-35

07 在"时间轴"面板中选中"发射器"层，按下快捷键 Ctrl+D 复制该层，如图 5-36 所示。

图 5-36

08 使用工具箱中的"旋转工具" ◼，选中复制出来的"线条"层，在"合成"面板中将其旋转 180 度。在"时间轴"面板中将"白色线条"层右侧的眼睛图标关闭。按下数字键盘上的 0 键，预览播放动画效果，如图 5-37 所示。

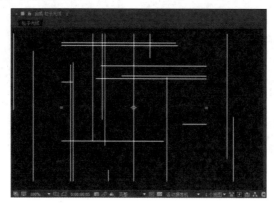

图 5-37

09 选择"图层→新建→调整图层"命令，将新建的调整层放置在"时间轴"面板中最上层的位置，该层并没有实际的图像存在，只是对位于该层以下的层做出相关的调整，如图 5-38 所示。

10 在"时间轴"面板中选中""调整图层""调节层，选择"效果"→Trapcode→Statglow 命令，在"效果控件"面板中，将 Preset 改为 White Star 内置效果，如图 5-39 所示。

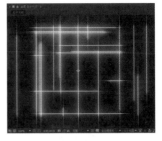

图 5-38

图 5-39

5.6 光线粒子

01 运行 After Effects，选择"合成→新建合成"命令，弹出"合成设置"对话框，将"合成名称"更改为"光线粒子"，"持续时间"为 30 秒，如图 5-40 所示。

02 选择"文件→导入"命令，弹出"导入文件"对话框。选中所需的素材，单击"导入"按钮即可将其导入"项目"面板中，如图 5-41 所示。

图 5-40

图 5-41

03 选中素材层，修改"缩放"参数为 55，如图 5-42 所示。

图 5-42

04 选中该素材层，选择"效果→颜色校正→曲线"命令对该层添加"曲线"效果，在"效果"面板中对曲线进行编辑，利用鼠标单击曲线的中心处并往下拖曳，此时可以看到画面整体变暗；反之，如果往上拖曳画面整体变亮，如图 5-43 所示。

05 在工具箱中选择"文字"工具，单击"合成"面板进入文字编辑模式，输入字母 AFTER EFFECT CC 2015，文字内容可以自主编辑，并对文字进行进一步编辑、修改，如图 5-44 所示。

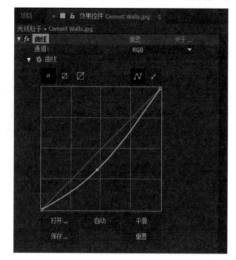

图 5-43

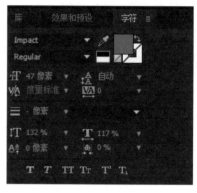

图 5-44

06 选中文字层，在"字符"面板中单击色块，即可更换文字颜色，如图 5-45 所示。

07 对文字层进行预合成，在菜单栏中选择"图层→预合成"命令，将合成名称更改为 text，单击"确定"按钮，如图 5-46 所示。

图 5-45

图 5-46

08 在菜单栏中选择"图层→新建→调整图层"命令（快捷键 Ctrl+Shift+Y），并在窗口中选择"效果和预设"，即可弹出"效果和预设"面板，在搜索框中输入"曲线"，对调整层添加"曲线"效果，如图 5-47 所示。

图 5-47

09 在该面板的空白区域会自动显现"曲线"命令，这样更加便于查找和使用，单击拖曳"曲线"命令图标至调整图层上，即可对其添加"曲线"效果，如图 5-48 所示。

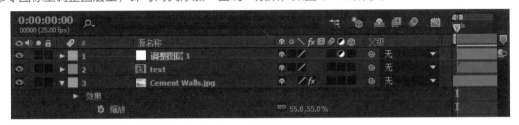

图 5-48

10 利用"曲线"效果进一步降低调整层的曝光度，如图 5-49 所示。

11 在工具箱中单击并按住"矩形"工具不放，直到跳出"矩形"工具的隐藏列表，在列表中选择"椭圆"工具，并为调整图层绘制椭圆形遮罩，如图 5-50 所示。

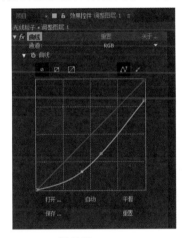

图 5-49

图 5-50

12 回到"时间轴"面板中，选中并展开调整图层中的参数选项，找到蒙版对应的参数，勾选"反转"选项，并将"蒙版羽化"参数更改为 171，如图 5-51 所示。

图 5-51

13 在"合成"窗口中预览效果，如图 5-52 所示。

14 在菜单栏中选择"图层→新建→纯色"命令（快捷键 Ctrl+Y），弹出"纯色设置"对话框，更改名称为 smoking，单击"确定"按钮，如图 5-53 所示。

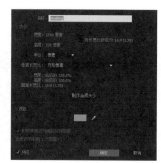

图 5-52   图 5-53

15 对 smoking 层添加 "效果→模拟→ CC Particle world" 效果，在 "效果控件" 面板中找到 Grid&Guides 属性，单击旁边的小三角形图标，展开该命令的隐藏参数，不勾选 Grid 选项，再单击该三角图标将 Grid&Guides 参数隐藏，如图 5-54 所示。

16 找到并展开 Particle 属性，在 Particle Type 下拉列表中选择 Faded Sphere 选项，该步骤用于选择所需要的粒子类型，如图 5-55 所示。

图 5-54   图 5-55

17 调整粒子的分布情况，对以下参数进行修改，Velocity 更改数值为 0，Gravity 更改数值为 0。这两项参数分别控制着 Particle 的粒子发射速率和方向，如图 5-56 所示。

18 在 "合成" 面板中进行预览，如图 5-57 所示。

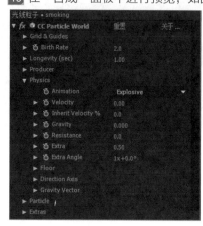

图 5-56   图 5-57

19 在 Producer 属性中，改变粒子的分布状况，分别对以下参数进行修改，分别控制粒子在 X、Y、Z 轴的分布情况，Radius X 为 0.865，Radius Y 为 0.365，Radius Z 为 1.125，如图 5-58 所示。

20 在"合成"面板中进行预览，如图 5-59 所示。

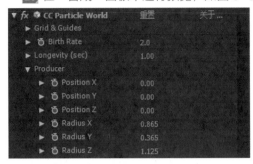

图 5-58　　　　　　　　　　　　　　　　　　图 5-59

21 在 Particle 属性中单击旁边的小三角图标将其隐藏参数展开，将 Birth Size 参数更改为 2.000，Death Size 参数改为 2.000，并对 Birth color 、Death color 进行颜色调整，颜色分别为浅灰色和蓝灰色，如图 5-60 和图 5-61 所示。

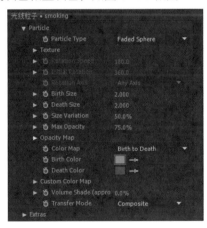

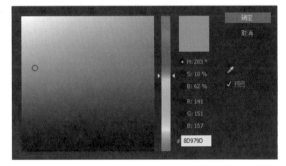

图 5-60　　　　　　　　　　　　　　　　　　图 5-61

22 将 Birth Rate 参数更改为 2.0 ，Longevity (sec) 参数更改为 2.0，该步骤是控制 Particle 数量和持久度，如图 5-62 所示。

23 在"合成"面板中按空格键进行动画预览，如图 5-63 所示。

图 5-62　　　　　　　　　　　　　　　　　　图 5-63

24 在"时间轴"面板中选中 smoking 层，并对该层添加"效果→扭曲→网格变形"效果，在"效果控件"面板中对其参数进行修改，行数、列数各为 3，如图 5-64 所示。

25 在"合成"面板中，利用鼠标对网格交叉点进行拖曳，达到一种扭曲流动的效果，如图 5-65 所示。

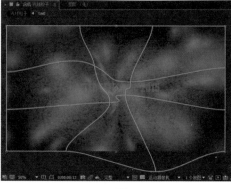

图 5-64   图 5-65

26 在"时间轴"面板中选中 smoking 层，更改其"不透明度"参数改为 16%，可以在"合成"面板中看到一种附着在背景图上的光影斑驳流动的效果，如图 5-66 所示。

图 5-66

27 在菜单栏中选择"图层→新建→纯色"命令，弹出"纯色设置"对话框，更改名称为 particle，单击"确定"按钮，如图 5-67 所示。

28 对 particle 层添加"效果→模拟→ CC Particle world"效果，该步骤是利用 Particle 制作光线中的粒子，Particle 是一个功能非常强的效果，能够通过调整其参数制作多种多样的粒子效果，如图 5-68 所示。

图 5-67   图 5-68

29 与之前的操作相同，找到并展开 Particle 属性，在 Particle Type 下拉列表中选择所需要的粒子类型 Faded Sphere，如图 5-69 所示。

30 调整粒子的分布情况，对以下参数进行修改，Velocity 参数为 0，Gravity 参数为 0。这两项参数分别控制着 Particle 的粒子发射速率和方向，如图 5-70 所示。

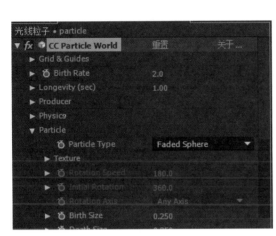
图 5-69

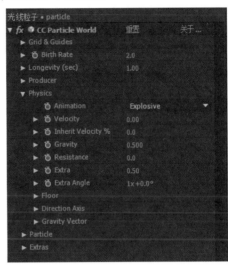
图 5-70

31 在 Producer 属性中，改变粒子的分布状况，分别对以下参数进行修改，分别控制着粒子在 X、Y、Z 轴的分布距离，Radius X 为 0.565，RadiusY 为 0.505，Radius Z 为 2.795，如图 5-71 所示。

32 将 Birth Rate 参数更改为 1.0，Longevity(sec) 更改为 2.0，如图 5-72 所示。

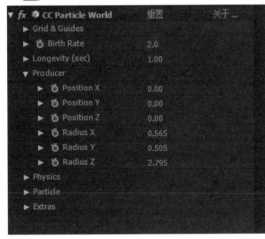
图 5-71

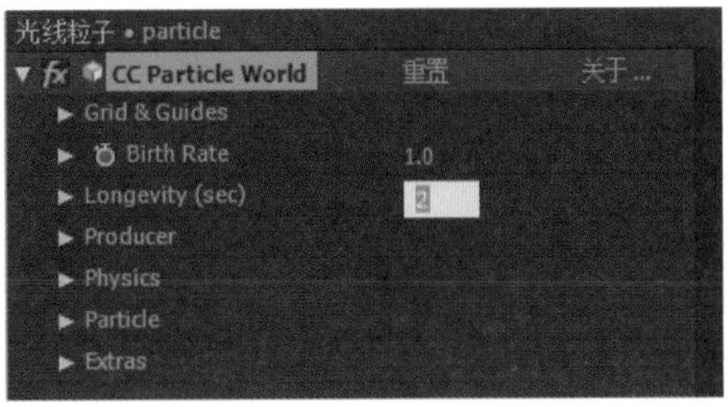

图 5-72

33 找到 Particle 属性，显示隐藏的参数，并对各项参数进行更改，该步骤的作用在于控制起始和结尾处粒子的大小，并且将 Birth Color 和 Death Color 替换成米黄色和土黄色，如图 5-73 所示。

34 在"合成"面板中按空格键进行动画预览，如图 5-74 所示。

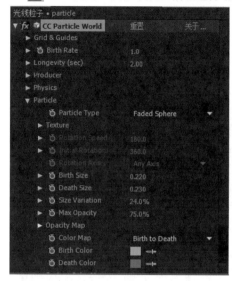

图 5-73　　　　　　　　　　　　　　图 5-74

35 前面的步骤已经把基本的背景和粒子光效果制作完成，下面开始制作光线效果。在菜单栏中选择"图层→新建→纯色"命令，弹出"纯色设置"对话框，更改名称为 light，单击"确定"按钮，如图 5-75 所示。

36 在"时间轴"面板中选中 light 层，对该层添加"效果→杂色和颗粒→分形杂色"效果，通过该效果制作光线效果，如图 5-76 所示。

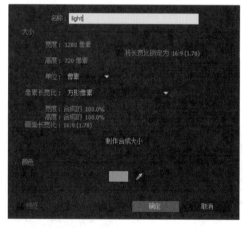

图 5-75　　　　　　　　　　　　　　图 5-76

37 在"效果控件"面板中，对"分形杂色"的各项参数进行更改，找到"变换"属性，展开隐藏参数，不勾选"统一缩放"选项，同时会发现"缩放宽度"和"缩放高度"选项被激活，如图 5-77 所示。

38 调整其参数，将"缩放宽度"数值更改为 65，"缩放高度"更改为 1757，将"对比度"改为 244.0，对比度下方的"亮度"数值改为 −38，如图 5-78 所示。

图 5-77　　　　　　　　　　　　　　　　图 5-78

39 在"合成"面板中观察修改参数后的效果，如图 5-79 所示。

40 在"时间轴"面板中选中 light 层，为该层添加"效果→过渡→线性擦除"效果，将"擦除角度"改为 0，并且将"羽化"参数改为 218，如图 5-80 所示。

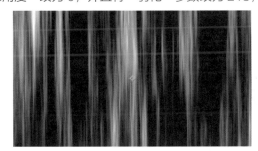

图 5-79　　　　　　　　　　　　　　　　图 5-80

41 在"合成"面板中观察改变后的效果，如图 5-81 所示。

图 5-81

42 在"时间轴"面板中，将 light 层的三维开关打开，对该层进行位置上的编辑，如图 5-82 所示。

图 5-82

43 在工具箱中选择"旋转工具" ，将鼠标移至"合成"面板中，对 light 层进行 Y 轴上的旋转，并调整其位置、大小，如图 5-83 所示。

图 5-83

44 选择 light 层，回到效果控制台，下面开始对 light 层进行表达式的设定，使 light 演化效果更接近于光线的变化，在"分形杂色"属性中，找到"演化"参数，按住 Alt 键并单击"演化"参数左边的码表图标，使"演化"参数进入编写表达式模式，并输入 time*100 +500，如图 5-84 所示。

图 5-84

45 在菜单栏中选择"图层→新建→摄像机"命令（快捷键为 Ctrl+Shift+Alt+C），弹出"摄像机"对话框，单击"确定"按钮，如图 5-85 所示。

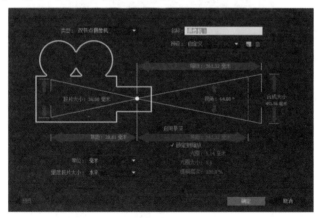

图 5-85

46 在"时间轴"面板中将各个图层的三维开关都打开，以便于后面摄像机对画面的控制，如图 5-86 所示。

图 5-86

47 下面进一步对 light 进行编辑，使其更接近于光线直射的效果。在"时间线"面板中找到图层名称栏，在该栏的空白处单击右键，在弹出的菜单中选择"列数→模式"命令，可以看到该栏中新增了一项参数——"模式"，如图 5-87 所示。

图 5-87

48 选择 light 层，单击其对应的模式属性，在下拉列表中选择"屏幕"选项，这样可以通过层混合的方式将 light 层下方的图层更好地契合，画面也显得更为统一，如图 5-88 所示。

图 5-88

49 在"合成"窗口中预览层混合后的画面效果，如图 5-89 所示。

50 选择 light 层，选择"编辑→重复"命令（快捷键 Ctrl+D），并且选中 light1 和 light2 图层，进行预合成操作，选择"图层→预合成"命令，弹出"预合成"面板。将名称更改为 light，单击"确定"按钮，如图 5-90 所示。

图 5-89

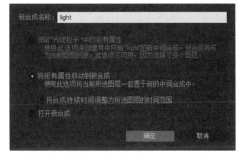

图 5-90

51 我们发现，一旦对图层模式发生改变的层进行预合成，那么图层模式效果便不复存在。在"时间轴"面板中找到"对于合成图层折叠变换"图标 ，单击 light 合成层所对应该图标的选项，可以在合成的情况下仍能看见图层的混合效果，如图 5-91 所示。

图 5-91

52 选择 light 合成层，选择"编辑→重复"命令，得到 light2 合成层，将 light 合成 1 层放置在 particle 层上方。下面开始进入重要且关键的一步，选中 particle 层，单击其轨道遮罩栏对应的选项，在下拉列表中选择"亮度遮罩 [light]"，观察"合成"面板中 particle 层的粒子的显现情况。该步骤是将 light 的两部分区域作为遮罩，罩住了 light1 合成层，故 particle 层中的粒子只能在 light 层中有光线的地方显现，如图 5-92 所示。

图 5-92

53 选中 light2 合成层，修改该层的不透明度为 56%，如图 5-93 所示。

图 5-93

54 对 light2 合成层添加"效果→颜色校正→色相 / 饱和度"效果，在"效果控件"面板中勾选"彩色化"选项，"着色色相"参数更改为 35，"着色饱和度"参数为 9，如图 5-94 所示。

55 光线中的粒子效果到这里已经基本完成，在"合成"面板中观察并预览效果，如图 5-95 所示。

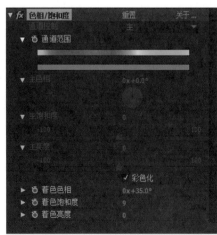

图 5-94

图 5-95

56 最后，双击 text 层回到文字原始层，对文字内容进行编辑，输入 animation of time，如图 5-96 所示。

57 返回光线的粒子合成中，可以看到即使文字内容发生了改变，但是其效果并没有任何变化，这也是预合成的方便之处，以便于对内容的进一步修改，如图 5-97 所示。

图 5-96

图 5-97

58 我们开始对摄像机进行控制，将时间指针移至 0 秒位置，更改摄像机位置参数，Z 轴为 -399.0。将时间指针移至 2 秒的位置，Z 轴为 -426.0；将时间指针移至 7.5 秒的位置，Z 轴为 -660.0；将时间指针移至 9 秒的位置，Z 轴为 -680.0，如图 5-98 所示。

图 5-98

59 以上就是该效果的制作步骤，后面将制作好的动画进行渲染输出，选择"合成→添加到渲染队列"命令，如图 5-99 所示。

图 5-99

60 在"时间轴"面板中出现"渲染"面板，双击"输出模块"的"无损"选项，弹出"输出模块设置"对话框，将"格式"调整为 Quick Time，单击"确定"按钮，如图 5-100 所示。

61 单击"输出到"的"光线中的粒子"选项，弹出"将影片输出到"对话框，输入文件名，单击"保存"按钮，如图 5-101 所示。

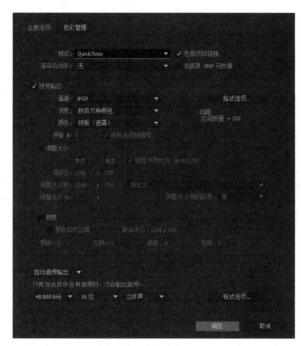

图 5-100

图 5-101

62 最后，回到"渲染"面板，单击"渲染"按钮等待渲染完成，如图 5-102 所示。

图 5-102

第 6 章

Particular 粒子特效

粒子特效是 After Effects 很有特色的一个功能，可以模拟现实中的水、火、雾、气等效果，其原理是将无数的单个粒子组合，使其呈现出固定形态，通过控制器、脚本来控制其整体或单个的运动，模拟出现真实的效果。绝大多数的粒子特效均是依靠插件进行制作的。插件，英文名称为 Plug-in，它是根据应用程序接口编写出来的小程序，如图 6-1 所示。

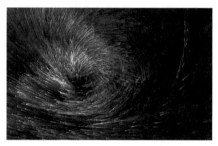

图 6-1

以上两张效果图均是运用 Particlular 插件制作的，其中有很多技巧，包括发射器的构建、层发射器的构建、粒子的形成、粒子的发射、摄像机的运动设置等，本章将详细介绍 Particuclar 插件的使用方法。

6.1 插件基础

After Effects 的第三方插件存在于 After Effects 安装目录下的 Support Files/Plug-ins 文件夹中，扩展名为 After EffectsX。Adobe 公司的 Photoshop 和 Premiere 的有些插件也可以在 After Effects 中使用。After Effects 第三方插件有两种常见的安装方式：有的插件自带安装程序，用户可以自行安装；另外一些插件是扩展名为 After EffectsX 的文件，用户可以直接把这些文件放在 After Effects 安装目录下的 Support Files/Plug-ins 文件夹中，启动（重启）After Effects 即可使用。一般效果插件都位于"效果"菜单下，用户可以轻松找到。如图 6-2 所示。

打开"Adobe After Effects CC 2015 属性"对话框，如图 6-3 所示，单击"打开文件位置"按钮，找到文件夹中的 Plug-ins 子文件夹。将下载好的插件粘贴进去即可。

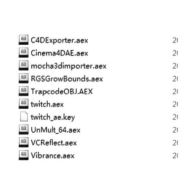

图 6-2   图 6-3

插件必须注册才能正常使用，选择菜单"效果→ Trapcode → Particular"命令打开插件，展开 Register 属性进行注册，注册完毕即可开始正常使用 Particular 插件，如图 6-4 和图 6-5 所示。

图 6-4　　　　　　　　　　　　　　　　　　　　　　图 6-5

6.2　认识 Particular

Particular 插件是 Trapcode 公司针对 After Effects 软件开发的 3D 粒子生成插件。其灵活易用，主要用来实现粒子效果的制作。它支持多种粒子发射模式。Particular 自带近百种效果预置，提供多种粒子的渲染方式，可以轻松模拟现实世界中的雨、雪、烟、云、焰火、爆炸等效果。也可以产生有机的和高科技风格的图形效果，它对于运动的图形设计是非常有用的。同时在粒子运动的控制上，它对重力、空气阻力，以及粒子间斥力等相关条件的模拟也是相当出色的。在 2D 空间下，可以轻松制作出多种粒子转场效果。但是，在 3D 空间下，Emitter 发射器及粒子尾端在空气中运动的轨迹是难以控制和设计的，如图 6-6 和图 6-7 所示。

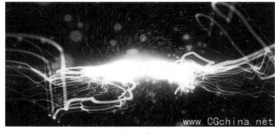 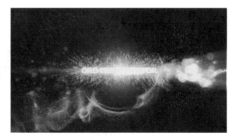

图 6-6　　　　　　　　　　　　　　　　　　　　　图 6-7

Particular 主要可以分为以下几个系统。

- **Emitter**（发射器系统）：主要负责管理粒子发射器的形状、位置，以及发射粒子的密度和方向等。
- **Particle**（粒子系统）：主要负责管理粒子的外观、形状、颜色、大小、生命持续时间等。
- **Shading**（粒子着色系统）：主要负责管理粒子的材质、反射、折射、环境光、阴影等。

粒子运动控制系统是一个联合系统，其中包括：Physics（物粒）子系统、Aux system（子粒）子系统、World Transform（世界变换）子系统、Visibility（可见性）子系统、Rendering（渲染）子系统，渲染子系统主要负责管理 Render Mode（渲染模式）和 Motion Blue（运动模糊）等参数设置。

概括地说，在 Particular 中粒子有多种类型，首先，粒子可以是 Particular 自己生成的一张图像、球形、发光球体、星状、云状、烟状；其次，当我们使用 Custom Particular（定制粒子）时，意味着我们可以使用任何图像来发射粒子。这就给 Particular 带来了无限的可能性，设想一下，使用一些人作为粒子，使用 Particular 作为工具，在 After Effects 中就可以制作出复杂的人群，所以什么是 Particular（粒子），Particular 就是图像，在 Particular 中生成或者我们自己制作的用来当作粒子的图像。如图 6-8 所示。

图 6-8

6.3 Emitter

Emitter 主要控制粒子发射器的属性。它的参数设置涉及发射器生成粒子的密度、发射器形状和位置，以及发射粒子的初始方向等。如图 6-9 所示。

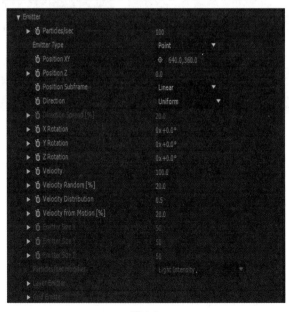

图 6-9

- Particles/sec（粒子 / 秒）：控制每秒发射粒子的数量。
- Emitter Type（发射器类型）：决定粒子以什么形式来发射，默认设置是 Point（点发射），如图 6-10 所示。

图 6-10

> - Point（点）：粒子从空间中单一的点发射出来。
> - Box（盒子）：粒子从立体的盒子中发射出来。
> - Sphere（球形）：粒子从球形区域中发射出来。
> - Grid（网格）：粒子从网格的交叉点发射出来（在图层中的虚拟网格）。
> - Light（灯光）：使用灯光粒子发射器首先要新建一个灯光（调节灯光的位置相当于调节发射器的位置），粒子从灯光中向外发射，在灯光自身选项中，灯光的颜色会影响粒子的颜色，灯光强度也会对粒子产生影响（如果调低灯光强度相当于降低每秒从灯光中发射的粒子数量）。在一个 Particular 中可以有多个灯光发射器，每个灯光发射器可以有不一样的设置。例如，只是用一个 Particular，两个不同的灯光在两个不同的地方生成粒子，粒子的强度与颜色可以调节。总体来说，灯光发射器的使用十分便捷。
> - Layer（图层）：将图片作为发射器发射的粒子（需要把图层转换为 3D 图层）。使用图层作为发射器可以更好地控制从哪里发射粒子。
> - Layer Grid（图层网格）：从图层网格中发射粒子，与 Grid 发射器类似（需要把图层转换为 3D 图层）。
- Position XY：设置粒子在 X、Y 轴的位置。
- Position Z：设置粒子在 Z 轴的位置。
- Position Subframe：在发射器位置的移动非常迅速时，平滑粒子的运动轨迹。在 Particular 中，默认的设置是 Linear（线性的），如图 6-11 所示。

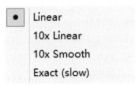

图 6-11

> - Linear：默认情况下，为粒子设置为线性。
> - 10×Linear：10 倍线性在 10 子帧时间点上创建一个新的位置粒子，然后从得到的点的粒子采样位置。对快速移动的粒子来说这将会有更准确的位置。
> - 10×Smooth：设置 10 倍平滑，这种模式可以提供一个沿着路径稍微流畅的运动。

➢ Exact（slow）：将根据发射器位置的速度准确地计算每个粒子的位置。一般不推荐使用，除非你需要非常精确的粒子场景。

● Direction（方向）：设定粒子发射方向，如图 6-12 所示。

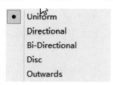

图 6-12

➢ Uniform（统一）：当粒子从 Point（点）或者别的发射器类型发射出来时会向各个方向移动。Uniform 是 Direction（方向）的默认选项。

➢ Directional：从某一端口向特定的方向发射粒子。

➢ Bi-Directional：从某一端口向两个完全相反的方向同时发射粒子。通常二者的夹角为 180 度。

➢ Disc（盘状）：在两个维度上向外发射粒子形成一个盘形。

➢ Outwards：粒子总是向着远离中心的方向运动，当发射器类型是 Point 时 Qutward 与 Uniform 完全一致。

● Direction Spread（方向扩展）：粒子扩散程度。控制粒子的扩散程度，该值越大，向四周扩散出来的粒子就越多；反之，向四周扩散的粒子就越少。

● X/Y/Z Rotation（旋转）：控制粒子发射器在 3D 空间中的旋转。特别是控制生成粒子时的发射器方向，如果对其设置关键帧，生成的粒子会随着时间向不同的方向运动。

● Velocity（速率）：控制粒子运动的速度。当值设置为 0 时粒子是静止不动的。

● Velocity Random（速率随机性）：使粒子 Velocity（速率）随机变化，随机增加或者减小每个粒子的 Velocity（速率）。

● Velocity from Motion（运动速度）：粒子拖尾的长度。允许粒子继承运动中发射器的 Velocity 属性。设为正值时，粒子随着发射器移动的方向运动；设为负值时，粒子向发射器移动的反方向运动。

● Emitter Size X/Y/X（发射器尺寸）：设置发射器在各个轴向上的大小。

● Particles/sec modifier：此控件允许你发射来自灯光的粒子。当发射器类型选择"灯光"时被激活，如图 6-13 所示。

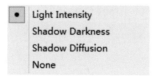

图 6-13

➢ Light Intensity：使用强度值来改变发射率。

➢ Shadow Darkness：使用阴影暗部值来改变发射率。

➢ Shadow Diffusion：使用阴影扩散值来改变发射率。

➢ None：不基于任何灯光属性改变发射率。当光照强度用于其他事情（如实际照明场景）时是很有用的选项。

● Layer Emitter（发射图层）：设置图层发射器的控制参数（Emitter Type 选择 Grid、Layer、Layer Grid 时，Layer Emitter 选项激活），如图 6-14 所示。

图 6-14

➢ Layer：定义作为粒子发射器的图层。

➢ Layer Sampling（图层采样）：定义层是否读取仅在诞生时的粒子，或者持续更新的每一帧。如图 6-15 所示。

图 6-15

■ Current Time：对于被合成的文字图层或者没有动画的图形图层来说，在每一帧的内容是相同的。

■ Particle Birth Time：发射粒子基于有动画的内容图层。

➢ Layer RGB Usage（图层 RGB 用法）：层定义了如何使用 RGB 控制粒子大小、速度、旋转和颜色等，如图 6-16 所示。

图 6-16

■ Lightness-Size ：亮度值影响粒子的大小。黑色时粒子不可见；白色时完全可见。

■ Lightness-Velocity：粒子速度受亮度值影响。

■ Lightness-Rotation：粒子旋转受亮度值影响。

■ RGB-Size Vel Rot：该选项是对前面菜单的组合。使用 R（红色通道）值来定义粒子的尺寸；使用 G（绿色通道）值来控制粒子的速度；使用 B（蓝色通道）值来控制粒子的旋转。

■ RGB-Particle Color：该菜单的选择仅仅使用每个像素的 RGB 颜色信息确定粒子的颜色。

■ None：选择此选项只需要设置粒子的发射区。

● Grid Emitter：此属性定义可以在二维或三维网格发射粒子。选择 Emitter Type（发射器类型）中的 Grid（网格）或 Layer Grid（层网格）选项激活本属性，如图 6-17 所示。

图 6-17

➤ Particular in X/Y/Z：控制 X/Y/Z 轴向上网格中发射的粒子数目，该值越高就会产生更多的粒子。

➤ Type（类型）：控制粒子发射沿网格的风格，有两个选项，分别是 Periodic Burst 和 Traverse，如图 6-18 所示。

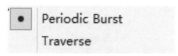

图 6-18

■ Periodic Burst：整个网格的粒子只发射一次。

■ Traverse：一个粒子在网格中将按横向顺序发射一次。

6.4 Particle

Particle 粒子系统主要负责管理粒子的外观、形状、颜色、大小、生命持续时间等。在 Particular 中的粒子可以分为三个阶段：出生、生命周期、死亡，如图 6-19 所示。

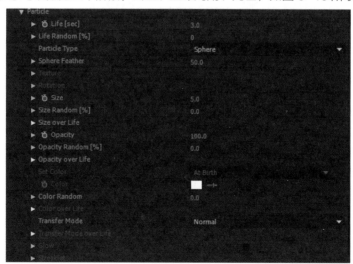

图 6-19

- Life[sec]：控制粒子从出现到消失的时间，默认设置为 3 秒。
- Life Random[%]：随机地增加或者减少粒子的生命。该值设置越高，每个粒子生命周期将会具有很大的随机性，变大或者变小，但不会导致生命为 0。
- Particle Type：粒子类型控制菜单，如图 6-20 所示。

图 6-20

➤ Sphere：球形是一种基本的粒子图形，也是默认值，可以设置粒子的羽化值。

➤ Glow Sphere（No DOF）：发光球形，除了可以设置粒子的羽化值，还可以设置辉光度。

➤ Star（No DOF）：星形，可以设置旋转值和辉光度。

➤ Cloudlet：云层形，可以设置羽化值。

➤ Streaklet：其是长时间曝光的效果，一个主要的大点被小点包围的光绘效果。利用 Streaklet 可以创建一些非常有趣的动画。

➤ Sprite、Sprite Colorize、Sprite Fill：Sprite 粒子是一个加载到 Form 中的自定义层。你需要为 Sprite 选择一个自定义图层或贴图。图层可以是静止的图片也可以是一段动画。Sprite 总是沿着摄像机定位，在某些情况下这是非常有用的。在其他情况下，你不需要层定位摄像机，只需要它的运动方式像普通的 3D 图层。此时你可以在 Textured、Polygon 类型中进行选择。Colorize 是一种使用亮度值为彩色粒子着色的模式；Fill 是只填补 alpha 粒子颜色的着色模式。

➤ Textured Polygon、Textured Polygon Colorize、Textured Polygon Fill：Textured Polygon 粒子是一个加载到 Form 中的自定义层。Textured Polygons 是有自己独立的 3D 旋转和空间的对象。Textured Polygons 不定位 After Effects 的 3D 摄像机，而是可以看到来自不同方向的粒子，能够观察到在旋转中的厚度变化。Textured Polygons 控制所有轴向上的旋转和旋转速度。Colorize 是一种使用亮度值为彩色粒子着色的模式；Fill 是只填补 alpha 粒子颜色的着色模式。

- Sphere Feather（羽化）：控制球形的羽化程度和透明度的变化，默认值为 50。
- Texture：控制自定义图案或者纹理（只有 Particular Type 选择 Sprite 或者 Textured 类型时该属性被激活），如图 6-21 所示。

图 6-21

> Layer（图层）：选择作为粒子的图层。
> Time Sampling（时间采样）：时间采样模式是设定 Particle 把贴图图层的哪一帧作为粒子形态，如图 6-22 所示。

图 6-22

> Random Seed：随机值，默认设置为 1。不改变粒子位置被随机采样的帧。
> Number of Clips：剪辑数量，该数值决定以何种形式参与粒子形状循环变化。Time Sampling 选择为 Split Clip 类型的模式时，Number of Clips 参数有效。
> Subframe Sampling：子帧采集允许你的样本帧在来自自定义粒子的两帧之间。在 Time Sampling（时间采样）选择 Still Frame 时被激活。当开启运动模糊时，该参数的作用效果更加明显。

● Rotation（旋转）：决定产生粒子在出生时刻的角度，可以设置关键帧动画，如图 6-23 所示。

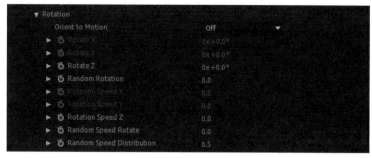

图 6-23

> Orient to Motion：允许定位粒子移动的方向。默认情况下，此设置关闭，如图 6-24 所示。

图 6-24

> Rotation X/Y/Z：粒子绕 X、Y 和 Z 轴旋转，这些参数主要用于 Textured Polygon。X、Y 轴在启用 Textured Polygon 时可用；Z 轴在启用 Textured Polygon、Sprite 和 Star 时可用。

> Random Rotation（旋转随机值）：设置粒子旋转的随机性。

> Rotation Speed X/Y/Z：设置 X、Y 和 Z 轴上粒子旋转的速度。X、Y 轴在启用 Textured Polygon 时可用；Z 轴在启用 Textured Polygon、Sprite 和 Star 时可用。Rotation Speed 可以让粒子随时间转动，该数值表示每秒旋转的圈数。没有必要将该值设置得太高，设置为 1，表示每个粒子每秒旋转一周；设置为 -1，表示相反方向旋转一周。通常设置为 0.1，默认设置为 0。

> Random Speed Rotate：设置粒子的旋转速度随机度。有些粒子旋转得更快，有些粒子旋转得慢一些。这对于一个看上去更自然的动画是很有用。

> Random Speed Distribution：启用微调旋转速度的随机速度。0.5 的默认值是正常的高斯分布。将值设置为 1 时平坦、均匀分布。

● Size（尺寸）：该设置决定粒子出生时的大小。

● Size Random[%]（随机尺寸）：设置粒子大小的随机性。

● Size over Life：控制每个粒子的大小随时间的变化。Y 轴表示粒子的大小，X 轴表示粒子从出生到死亡的时间。X 轴顶部表示上面设定的粒子大小加上 Size Random 的数值。可以自行设置曲线，常用曲线在图形右侧，如图 6-25 所示。

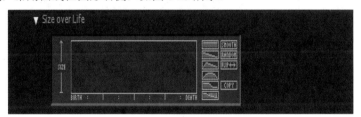

图 6-25

> Smooth：让曲线变得光滑。

> Random：使曲线随机化。

> Flip：使曲线水平翻转。

> Copy：复制一条曲线到系统剪贴板上。

> Paste：从剪贴板上粘贴曲线。

● Opacity（透明度）：设置粒子出生时的透明度。

● Opacity Random[%]（随机透明度）：设置粒子之间透明度变化的随机性。

● Opacity over Life：作用类似 Size over Life，如图 6-26 所示。

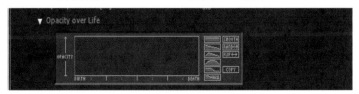

图 6-26

- Set Color（颜色设置）：设置颜色拾取模式，如图 6-27 所示。

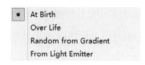

图 6-27

> At Birth：设置粒子出生时的颜色，并在其生命周期中保持（默认设置）。
> Over Life：设置颜色随时间发生变化。
> Random From Gradient：设置从 Color over Life 中随机选择颜色。
> From Light Emitter：设置灯光颜色来控制粒子颜色。
- Color（颜色）：Set Color 选择 At Birth 时此选项激活，可以设置粒子出生时的颜色。
- Color Random（随机颜色）：设置现有颜色的随机性，这样每个粒子就会随机改变色相。
- Color over Life：表示粒子随时间的颜色变化。从粒子出生到死亡，颜色会从红色变化到黄色，然后再变化到绿色，最后变化到蓝色。在粒子的寿命中，它们会经历这样一个颜色变化的周期。图表的右侧有常用的颜色变化方案，我们还可以任意添加颜色，只需单击图形下面的区域；删除颜色只需选中颜色，然后向外单击拖曳即可；双击方块颜色即可改变颜色。如图 6-28 所示。

图 6-28

- Transfer Mode：转换模式控制粒子融合在一起的方式，类似 After Effects 中的混合模式，除了个别粒子在三维空间层，如图 6-29 所示。

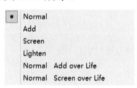

图 6-29

> Normal：正常的混合模式。
> Add：与 After Effects 中的叠加模式相同，增加色彩，使粒子更加突出并且无视深度信息。
> Screen：粒子筛选在一起。Screen 结果往往比正常模式下要明亮，并且无视深度信息。可用于灯光效果和火焰效果。
> Lighten：Lighten 颜色效果与 Add 和 Screen 不同。Lighten 意味着按顺序沿着 Z 轴被融合，但仅仅只有像素比之前模式下更明亮。
> Normal Add over Life：超越了 After Effects 的内置模式，随时间改变 Add 叠加的效果。

> Normal Screen over Life：超越了 After Effects 的内置模式，随时间改变 Screen 叠加方式。

● Transfer Mode over Life：曲线图可以大致控制粒子颜色的叠加方式，下面是 Normal 叠加模式，上面是 Add 或者 Screen 模式。X 轴表示时间，Y 轴表示 Add 或者 Screen 叠加模式。随着时间的变化叠加模式也会发生变化。图表右侧有预设曲线可供参考，如图 6-30 所示。

图 6-30

> Smooth：让曲线变得光滑。

> Random：使曲线随机化。

> Flip：使曲线水平翻转。

> Copy：复制一条曲线到系统剪贴板上。

> Paste：从剪贴板上粘贴曲线。

● Glow：辉光组增加了粒子光晕，但是不能设置关键帧，如图 6-31 所示。

图 6-31

> Size：设置 Glow（辉光）的大小。较低的值施加微弱的辉光；较高的值将施加明亮的辉光给粒子。

> Opacity：设置 Glow（辉光）的不透明度。较低的值施加透明的辉光；较高的值施加给粒子的辉光更实在。

> Feather：设置 Glow（辉光）的柔和度。较低的值施加一个球和固体的边缘；较高的值施加给粒子羽化的柔和边缘。

> Transfer Mode：转换模式控制粒子以何种方式融合在一起，如图 6-32 所示。

图 6-32

■ Normal：正常的融合模式。

■ Add：粒子被叠加在一起，这是非常有用的灯光和火焰效果，也是经常使用的效果。

■ Screen：粒子经过筛选在一起。有用的灯光和火焰效果。

● Streaklet：设置一种被称为 Streaklet 的新粒子属性。当 Particle Type 是 Streaklet 时处于激活状态，如图 6-33 所示。

图 6-33

> Random Seed：随机值，随机地定位小粒子点的位置。改变 Random Seed（随机值）可以迅速改变 Streaklet 粒子的形态。

> No Streaks：设置 Streaks 的数量（No 是数量的缩写）。较高的值可以创建一个更密集的渲染线；较低的值将使 Streaks 在三维空间中作为点的集合。

> Streaks Size：设置 Streaks 的总体大小。较低的值使 Streaks 显得更薄；较高的值使 Streaks 显得更厚、更明亮。值为 0 时将关闭 Streaks。

6.5 Shading

Shading 在粒子场景中添加特殊的效果阴影，如图 6-34 所示。

图 6-34

● Shading（着色）：默认设置为 Off。将其设置为 On，下拉列表会被激活，粒子将会受到灯光影响，出现明暗效果。灯光的属性会影响到粒子的状态，如图 6-35 所示。

图 6-35

● Light Falloff（灯光衰减）：设置灯光的衰减方式，如图 6-36 所示。

图 6-36

> None（AE）：所有的粒子有相同数量的 Shading，不论粒子与光的距离是多少。

> Natural（Lux）：默认设置。让光的强度与距离平方减弱，从而使粒子进一步远离光源会显得更暗。

● Nominal Distance（指定距离）：控制灯光从什么位置开始衰减，默认设置为 250。

- Ambient：定义粒子将反射多少环境光，环境光是背景光，它辐射在各个方向，到处都是，而且对被照射到的物体和物体阴影均有影响。

- Diffuse（漫反射）：确定粒子的漫反射强度。

- Specular Amount（高光数量）：控制粒子的高光强度。

- Specular Sharpness：定义尖锐的镜面反射。当 Sprite 和 Textured Polygon 粒子类型被选中时激活此参数。例如，玻璃的高光区域就是非常尖锐的，而塑料就不会有很尖锐的高光。Specular Sharpness 还可以降低 Specular Amount 的敏感度，使它对粒子角度不那么敏感。较高的值使它更敏感；较低的值使它不太敏感。

- Reflection Map：镜像环境中的粒子体积。当 Sprite 和 Textured Polygon 粒子类型被选中时激活此参数。默认是关闭的，创建映射，在时间轴上选择一个层。反射环境中的大量粒子对场景有很大的影响。如果你可以在场景中创建环境映射，那么粒子将会融合得很好。

- Reflection Strength：定义反射映射的强度。因为反射映射能结合来自合成灯光中的常规 Shading，反射强度对于调整、观察是有用的。默认值是 100，默认状态下是关闭的。较低的值记录下反射映射的强度和混合来自场景中的 Shading。

- Shadowlet for Main：此选项启用 Self-shadowing（自阴影）粒子中的主系统。默认情况下菜单设置为 Off。打开它，得到粒子的投影阴影外观，如图 6-37 所示。

- Shadowlet for Aux：此选项控制启用 Self-shadowing（自阴影）粒子辅助系统。这是一个额外的粒子发射系统，它允许主要的粒子发射系统发射自己的粒子。这个选项允许你控制阴影的主要粒子从辅助粒子中分离，如图 6-38 所示。

图 6-37　　　　　　图 6-38

- Shadowlet Settings：该选项组提供一个柔软的自阴影粒子体积。Shadowlets 创建一个关闭的主灯阴影。你可以把它想象成一个体积投影，圆锥阴影从光线的角度模拟每个被创建粒子的阴影，如图 6-39 所示。

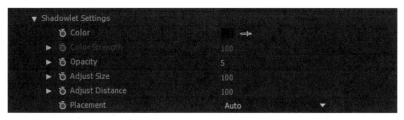

图 6-39

- ➢ Color：控制 Shadowlet 阴影的颜色，你可以选择一种颜色使 Shadowlet 的阴影看上去更加真实。通常使用较深的颜色，例如黑色或褐色，对应场景的暗部。如果有彩色的背景图层或者场景有明显的色调，一般默认的黑色阴影看上去就显得不真实。

- ➢ Color Strength：控制 RGB 颜色强度，对粒子的颜色加权计算 Shadowlet 阴影。强度设置 Shadowlet 颜色如何与原始粒子的颜色相混合。默认情况下，全覆盖设置值为 100。较低的值使较少的颜色混合。

> Opacity：设置不透明的 Shadowlet 阴影，控制阴影的强度，默认值是 5。不透明度通常有较低的设置，介于 1~10 之间。你可以增加要摇晃的阴影的不透明度值。在某些情况下设置较高的值是可行，例如粒子分散程度很高。但是在大多数情况下，粒子和阴影将会显得相当密集，所以此时应该使用较低的值。

> Adjust Size：调整 Shadowlet 阴影的大小。默认值为 100，较高的值创建阴影较大，较低的值创建一个较小的阴影。

> Adjust Distance：设置从阴影灯光的方向移动 Shadowlet 的距离。默认设置为 100，较低的值将 Shadowlet 更接近灯光，因此投下的阴影是更强的。较高的值使 Shadowlet 远离灯光，因此投下的阴影是微弱的。

> Placement：控制 Shadowlet 在 3D 空间的位置，如图 6-40 所示。

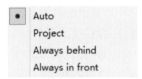

图 6-40

- Auto：默认设置。自动让 Form 决定最佳定位。

- Project：Shadowlet 深度的位置取决于 Shadowlet 的灯光在哪里。

- Always behind：Shadowlet 后面粒子的位置。此设置是非常有用的，避免 Auto（自动）设置造成不必要的闪烁。

- Always in front：Shadowlet 前面粒子的位置。这个设置也是有用的，避免 Auto（自动）设置造成不必要的闪烁。由于阴影始终是在前面的，它可以给粒子一种有趣的深度感。

6.6 Physics

Physics 对粒子的物理属性及物理运动进行设置。该物理组控制一次发射的粒子如何移动，可以设置如 Gravity（重力）、Turbulence（动荡）和控制粒子在合成中对其他层的 Bounce（反弹），如图 6-41 所示。

图 6-41

● Physics Model：物理模式决定粒子如何移动。有两种不同的方式，默认情况下是 Air，如图 6-42 所示。

图 6-42

> Air：这是默认设置。此选项可用来改变粒子如何通过空气。

> Bounce：此设置可以让粒子在合成中反弹到其他图层上。

● Gravity（重力）：控制粒子的重力。正值粒子会下降，负值粒子会上升。

● Physics Time Factor：时间因素可以用来加快或减慢粒子的运动速度，也可以让粒子运动完全冻结，甚至使粒子反方向运动。该控件是可以设置关键帧，方便启用或者关闭效果。

● Air：空气组控制粒子如何通过空气，如空气阻力、旋转、动荡和风所控制的推和拉。当Physics Model（物理模式）选择 Air（空气）时激活该参数，如图 6-43 所示。

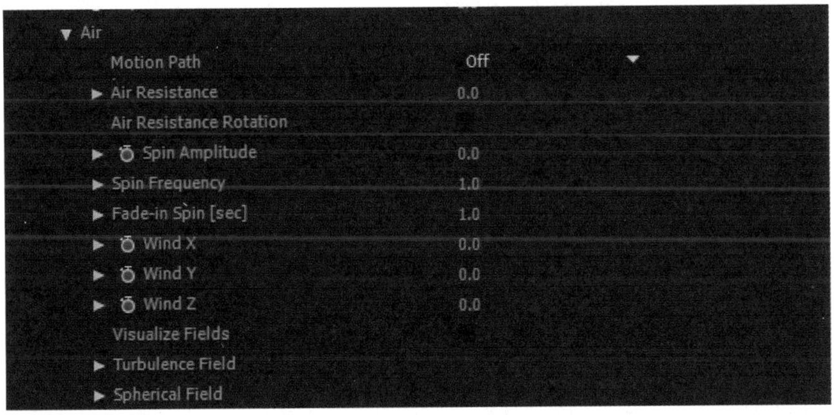

图 6-43

> Motion Path：运动路劲下拉列表可以允许粒子按照自定义的 3D 路径进行运动。如果选择使用自定义路径，重要的是移动发射器实际开始所在的路径。运动路径的下拉列表允许选择遮罩作为运动将循环的路径。

> Air Resistance：空气阻力使粒子通过空间的速度随时间推移而降低。常用于制作爆炸和烟花效果，粒子以一个高速度开始，然后逐渐慢下来。

> Air Resistance Rotation：空气阻力降低它们的速度停止粒子的飞行，然后由重力接管，粒子开始下降。但随着粒子停止飞行，它们也将不会转动。空气阻力会对粒子的旋转产生影响，粒子将在开始时快速旋转，当空气阻力降低时，粒子的旋转也会减少。该参数设置有助于使粒子的运动看起来更加自然（全三维的旋转只适用于 Textured Polygon 粒子类型）。

> Spin Amplitude：自旋幅度使粒子移动在随机的、圆形的轨道上。值为 0 时关闭自转运动。较低的值会有较小的圆形轨道；较高的值会有较大的圆形轨道。该值的设置有利于粒子运动的随机性，使动画效果看起来更加自然。

> Spin Frequency：自旋频率设定自旋粒子在其轨道上移动的速度有多快。低值意味着粒子在其轨道上慢慢旋转；值越高粒子的旋转速度越快。

> Fade-in Spin[sec]：设置粒子在消失之前有多少时间完全受到旋转控制，以"秒"为单位。

➢ Wind X/Y/Z：控制 X、Y、Z 轴风力的大小，使所有的粒子均匀地在风中随方向移动，并且可以设置关键帧。

➢ Visualize Fields：该控件有效地简化了 Turbulence Field（紊流场）和 Spherical Field（球形区域）的工作。使用 Visualize Fields（可视化区域），有时候需要确切知道 Displacement field（位移场）的状态。勾选此选项所有的场都可见。

➢ Turbulence Field：设置紊流场属性。紊流场不是基于流体动力学，它是基于 Perlin 噪声的一种 4D 位移。紊流场能够很好地实现火焰和烟雾效果，使粒子运动看起来更加自然，因为它可以模拟一些穿过空气或液体粒子的行为。当成紊流场的巨型三维地图包含不同的数字，随时间而变化，可以改变粒子的位置或大小。地图的演变和复杂性，使其有助于流体状运动的粒子，如图 6-44 所示。

▼ Turbulence Field	
▶ ⍉ Affect Size	0.0
▶ ⍉ Affect Position	0.0
▶ Fade-in Time [sec]	0.5
Fade-in Curve	Smooth ▼
▶ ⍉ Scale	10.0
▶ ⍉ Complexity	3
▶ ⍉ Octave Multiplier	0.5
▶ ⍉ Octave Scale	1.5
▶ ⍉ Evolution Speed	50.0
▶ ⍉ Evolution Offset	0.0
▶ ⍉ X Offset	0.0
▶ ⍉ Y Offset	0.0
▶ ⍉ Z Offset	0.0
▶ Move with Wind [%]	80.0

图 6-44

■ Affect Size（影响大小）：增大该数值，可以使空间中粒子受空气的扰动呈现一片大、一片小的效果。

■ Affect Position（影响位置）：增大该数值，可以使空间中粒子受空气的扰动呈现一部分粒子向一个位置移动，另一部分粒子向另一个位置移动的效果。

■ Fade-in Time[sec]：淡入时间设置的时间之前粒子完全受紊流场影响，以"秒"为单位。高值意味着大小或者位置的变化从紊流场将需要一段时间才能出现，随着时间的推移逐渐淡出。

■ Fade-in Curve：控制行为淡入粒子位移随时间变化。预设了"线性"与"平滑"两种在紊流运动和尺寸变化中不同的淡入方式。默认情况下是 Smooth（平滑）模式，在紊流行为随着时间的推移中粒子过渡不会受到明显的障碍；Linear（线性）过渡效果显得有些生硬，有明显阻碍，如图 6-45 所示。

图 6-45

■ Scale：规模控制为分形场创建的值设置总体乘数。较大的值将导致混乱的位移，在领域中的每个值会导致粒子的位置或大小变化。

■ Complexity：控制分形场的复杂性，数值越高分形场的复杂度越高。

■ Octave Multiplier：设置指定数量的复杂控制。设置更高的值将在所有四个维度的场创建一个更密集、更多样化的分形场。该参数能够改变场的复杂性，但并不会导致可视性的变化，除非复杂性设置为 2 或者更高。

■ Octave Scale：设置指定数量的复杂度控制每个增值噪声场。低值将创建一个稀疏的场，这会导致非常不规则间隔的位移；高值将创建一个密集的场。

■ Evolution Speed：控制粒子的进化速度由慢变快。

■ Evolution Offset：该控件偏移紊流场中的第四维度——时间。Evolution Offset 给出如何更好地控制湍流场的随时间的变化。

■ X/Y/Z Offset：设置紊流场三个轴向上的偏移量，可设置关键帧动画。

■ Move with Wind[%]：该控件能够用风来移动紊流场。它控制紊流场的风的 X、Y、Z 轴控制空气组和测量风的百分比。默认值是 80，得到看起来更逼真的烟雾效果。在现实生活中紊流空气由风来移动和改变，此值确保粒子能够模拟类似的行为方式。

➢ Spherical Field（球形区域）：定义一个粒子不能进入的区域，因为 Particular 是一个 3D 的粒子系统，所以有时候粒子会从区域后面通过，但是通常情况下粒子会避开这个区域而不是从中心通过，如图 6-46 所示。

图 6-46

■ Strength（强度）：控制区域内对粒子排斥的强度。

■ Position XY：定义球形区域在 X、Y 轴的位置。

■ Position Z：定义球形区域在 Z 轴的位置。

■ Radius（半径）：设置球形区域的半径。

■ Feather（羽化）：设置球形区域边缘的羽化值，默认值为 50。

● Bounce：反弹时使用物理组的两个物理模式之一。反弹模式用来使粒子在合成的特定层中反弹，如图 6-47 所示。

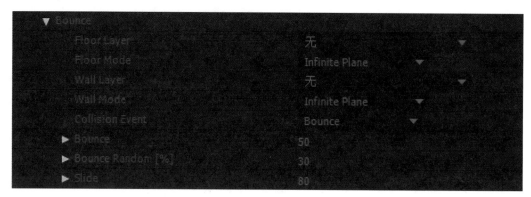

图 6-47

> Floor Layer（地板图层）：使用此模式可以选择地板图层反弹。地板必须将"连续栅格化"图层的开关关闭。地板不能是文本图层，但可以在 Pre-comp 中使用文本。

> Floor Mode（地板模式）：设置地板模式，如图 6-48 所示。

图 6-48

■ Infinite Plane：无限平面选项扩展层的尺寸到无限大小，并且粒子不会反弹或关闭层的边缘。

■ Layer Size：图层尺寸选项只是使用层的尺寸来计算的反弹区域。

■ Layer Alpha：使用图层指定区域的 Alpha 通道来计算反弹区域。此选项创建层范围内的反弹区域。

> Wall Layer：使用弹出菜单选择反弹的 Wall Layer（壁层）。壁层应该由 3D 层开关启用。壁层的"连续栅格化"开关必须关闭。壁层不能是文本图层，但可以在 Pre-comp 中使用文本。

> Wall Mode：选择墙面模式，如图 6-49 所示。

图 6-49

■ Infinite Plane：无限平面选项扩展层的尺寸到无限大小，并且粒子不会反弹或关闭层的边缘。

■ Layer Size：图层尺寸选项只是使用层的尺寸来计算的反弹区域。

■ Layer Alpha：使用图层指定区域的 Alpha 通道来计算反弹区域。此选项创建层范围内的反弹区域。

> Collision Event：控制粒子在碰撞期间的反应，有 4 种不同的方式，默认为 Bounce，如图 6-50 所示。

图 6-50

- Bounce：当粒子撞击地板或壁层后会进行反弹。
- Slide：当粒子撞击地板或壁层后会在平行的地板或壁层上滑动。
- Stick：当粒子撞击地板或壁层后粒子停止运动并且保持在反弹层上。
- Kill：当粒子撞击地板或壁层后会消失。
- Bounce（反弹）：控制粒子反弹的程度。
- Bounce Random[%]（反弹随机性）：设置粒子反弹的随机性。
- Slide（滑动）：粒子撞击时会发生滑动。

6.7 Aux System

Aux System（Aux 系统）主要用于控制 Particular 生成背景和设计元素，实际上 Aux System 包括两种粒子发射方式，发射器可以从 Continously 发射粒子，或者从 At Bounce Event 发射粒子，辅助粒子系统可以控制主要粒子系统之外的粒子，进而对整个画面中的粒子进行更加准确的控制。合理地使用辅助系统可以生成各种有趣的动画效果，我们可以利用该系统来模拟雨滴坠落在地面后的反弹效果，如图 6-51 所示。

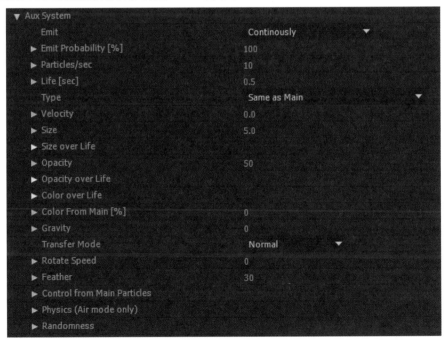

图 6-51

171

● Emit（发射）：打开辅助粒子系统，默认状态时关闭，如图 6-52 所示。

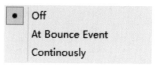

图 6-52

➢ Off：关闭辅助粒子系统。

➢ At Bounce Event：辅助粒子系统在碰撞事件发生时发射粒子。

➢ Continously：粒子本身变成了发射器。

● Emit Probability[%]：设置多少主要粒子实际产生辅助粒子，以"百分比"为衡量单位。较低的值有较少的粒子产生；较高的值会产生较多的粒子。

● Particles/collision & Particles/collision：当 Emit（发射）选择 At bounce Event 时，激活参数 Particles/collision；当 Emit（发射）选择 Continously 时，激活参数 Particles/collision。这两个参数实际上表达的意义没有区别，低值创建低发射量的辅助粒子；更高的值创建更高发射量的辅助粒子。

● Life[sec]：设置辅助粒子的寿命。低值的粒子寿命更短，高值的粒子寿命更长。

● Type：设置辅助系统所使用的粒子类型。默认情况下与主要粒子系统使用相同的粒子类型，如图 6-53 所示。

图 6-53

➢ Sphere：球形是一种基本粒子图形，可以设置粒子的羽化值。

➢ Glow Sphere（No DOF）：发光球形除了可以设置粒子的羽化值外，还可以设置辉光度。

➢ Star（No DOF）：星形可以设置旋转值和辉光度。

➢ Cloudlet：云层形可以设置羽化值。

➢ Streaklet：Streaklet 是长时间曝光效果，一个主要的大点被小点包围的光绘效果。

➢ Same as Main：默认选项，辅助系统粒子类型与主要系统的粒子类型一致。

● Velocity：设置辅助粒子出生时的初始速度。低值使粒子开始时的速度慢；高值使粒子开始时的速度快。

● Size：设置辅助粒子的大小。

● Size over Life：控制每个粒子的大小随时间的变化。Y 轴表示粒子的大小；X 轴表示粒子从出生到死亡的时间。X 轴顶部表示我们上面设定的粒子大小加上 Size Random 的数值。可以自行设置曲线，常用曲线在图形右侧，如图 6-54 所示。

图 6-54

> ➢ Smooth：让曲线变得光滑。
> ➢ Random：使曲线随机化。
> ➢ Flip：使曲线水平翻转。
> ➢ Copy：复制一条曲线到系统剪贴板上。
> ➢ Paste：从剪贴板上粘贴曲线。

● Opacity：设置辅助粒子的透明度。

● Opacity over Life：作用与 Size over Life 类似，如图 6-55 所示。

图 6-55

● Color over Life：表示粒子随时间的颜色变化。从粒子出生到死亡，颜色会从红色变化到黄色，然后再变化到绿色，最后变化到蓝色。在粒子的寿命中它们会经历这样一个颜色变化的周期。图表的右侧有常用的颜色变化方案，还可以任意添加颜色，只需单击图形下面的区域；删除颜色只需选中颜色然后向外单击拖曳即可；双击方块即可改变颜色，如图 6-56 所示。

图 6-56

● Color From Main[%]：设置从 Continously（主粒子）继承颜色的百分比。默认值是 0，表示颜色由 Color over Life 来决定，该值越高粒子颜色受 Continously 的影响就越大。

● Gravity：重力使辅助粒子以自然的方式向下回落。粒子加快速度下坠时就像现实世界中的任何物体。低值时辅助粒子缓慢下降；高值使辅助粒子快速坠落。

● Transfer Mode：转换模式控制粒子以何种方式融合在一起，如图 6-57 所示。

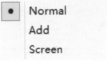

图 6-57

➢ Normal：正常的融合模式。

➢ Add：粒子被叠加在一起，这是非常有用的灯光和火焰效果，也是经常使用的效果。

➢ Screen：粒子经过筛选在一起，也是有用的灯光和火焰效果。

● Rotate Speed：控制辅助粒子的旋转速度。不同于旋转组可调节各个轴向上的旋转，该控件仅能控制单一的 Z 轴旋转。高值使粒子快速旋转；低值使粒子缓慢旋转。

● Feather：设置辅助粒子的羽化值。较高的值使羽化边缘过渡更加柔和；低值设置边缘更加生硬。

● Control from Main Particles：从主要粒子的控制允许修改辅助系统如何及何时发射粒子。用于在辅助粒子的行为有更多的变化，有助于得到更自然的效果，如图 6-58 所示。

图 6-58

➢ Inherit Velocity：继承速度控制允许为辅助粒子添加运动。继承速度限制辅助粒子创建是基于主要粒子生命周期的。高值使辅助粒子移动的速度更快，因为辅助粒子从主要粒子继承了更多的速度。

➢ Start Emit[% of Life]/Stop Emit[% of Life]：开始发射和停止发射以"百分比"为单位，定义辅助粒子何时出现在主要粒子的生命中。例如，设置 20 和 80 的开始和结束数值，表示辅助粒子在主要粒子生命的 20% 时出现，在 80% 时消失。

● Physics（Air mode only）：辅助粒子在"物理→空气组"中有 3 个单独设置的控件，通过这三个不同的控件可以设置辅助粒子有采取区别于主要粒子的行为，这可以使动画效果更有趣，同时对画面中的细节部分调节更加灵活，如图 6-59 所示。

图 6-59

➢ Air Resistance：该控件将修改 Physics → Air → Air Resistance（物理→空气→空气阻力）的设定值。数值为 0 时没有增加空气阻力；数值为 255 时导致完全空气阻力修改的只是辅助粒子。

➢ Wind Affect：该控件将会增加 Physics → Air → Wind motion（物理→空气→风运动）在 X、Y 和 Z 空间上的辅助粒子，以"百分比"为衡量单位。值小于 100 时 Wind Affect 减小风的运动速度；值高于 100 时 Wind Affect 增加风的运动速度。例如，值为 60 表示风速是原来的 0.6 倍；值为 325 表示风速是原来风速的 3.25 倍。

➢ Turbulence Position：动荡位置与 After Effects 中 Physics → Air → Turbulence Field 组的位置值是相同的设置。不同的是，该控件只改变辅助粒子絮流场的偏移，它不会影响主要粒子的位移。

● Randomness：设置辅助粒子系统的随机性相关参数。这对于整体粒子行为的自然过渡是很有用的，该组有 3 个控件，如图 6-60 所示。

图 6-60

➢ Life：设置辅助粒子存在时间的一个随机值。

➢ Size：设置辅助粒子大小变化的随机值。

➢ Opacity：设置辅助粒子透明度变化的随机值。

6.8　World Transform

World Transform（世界变换）是一组将 Particular 系统作为一个整体的变换属性。这些控件可以更改整个粒子系统的规模、位置和旋转。World Transform 在不移动摄像机的情况下改变相机角度。换句话说，你不需要用 After Effects 摄像机移动粒子，即可实现更多有趣的动画效果。

● X/Y/Z Rotation：旋转整个 Form 粒子系统与应用的领域。这些控件的操作方式与 After Effects 中 3D 图层的角度控制很类似。X、Y、Z 分别控制三个轴向上的旋转变量。

● X/Y/Z Offset：重新定位的整个 Form 粒子系统。输入像素偏移量的 Form 沿每个轴向移动。值的范围从 -1000 至 1000，但最高可以输入 10000000，如图 6-61 所示。

图 6-62

6.9　Visibility

Visibility 可见性参数可以有效控制 Particle 粒子的景深。Visibility 建立范围内的粒子是可见的。定义粒子到相机的距离，它可以用来淡出远处或近处的粒子。这些值的单位是由 After Effects 的相机设置所确定的，如图 6-62 所示。

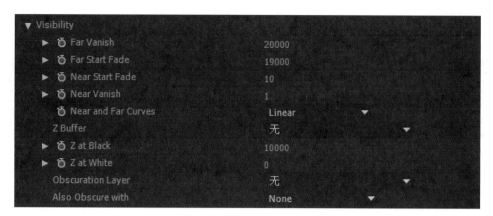

图 6-62

- Far Vanish：设定远处粒子消失的距离。

- Far Start Fade：设定远处粒子淡出的距离。

- Near Start Fade：设定近处粒子淡出的距离。

- Near Vanish：设定近处粒子消失的距离。

- Near and Far Curves：设定（Linear）线性或者（Smooth）平滑型插值曲线控制粒子淡出，如图 6-63 所示。

- Z Buffer：设置 Z 缓冲区。一个 Z 缓冲区中包含每个像素的深度值，其中黑色是距摄像机的最远点；白色像素最接近摄像机；之间的灰度值代表中间距离。

- Z at Black：粒子读取 Z 缓冲区的内容，但它不能确定图像中黑色像素对应于远距离消失在用户定义的位置，默认值是 10000。

- Z at White：粒子读取 Z 缓冲区的内容，但它不能确定图像中白色像素对应于远距离消失在用户定义的位置。默认情况下，该值为 0，如果已经计算出 3D 模型应用，可以使用更加合适的值对应到真实的单位。

- Obscuration Layer：Trapcode 粒子适用于 2D 图层和粒子的 3D 世界，其他层的合成不会自动模糊粒子。

- Also Obscure With：控制层发射器、壁层和地板图层设置昏暗的粒子，确保放置任意层遮盖粒子层之下的粒子。默认情况下选择 None，如图 6-64 所示。

图 6-63   图 6-64

6.10 Rendering

Rendering 渲染组控制渲染模式、景深，以及粒子的合成输出，如图 6-65 所示。

图 6-65

- Render Mode（渲染模式）：Motion Preview（动态预览），快速显示粒子效果，一般用来预览；Full Render（完整渲染），高质量渲染粒子，但没有景深效果，如图 6-66 所示。

- Particle Amount：设置场景中渲染的粒子数量，默认为 100，最高设置为 200，单位是"百分比"。高值增加场景中的粒子数量；低值减少粒子数量。

- Depth of Field：景深用来模拟真实世界中摄像机的焦点，增强场景的现实感。该版本中的景深可以设置动画，这是一个非常实用的功能。默认情况下 DOF 在 Camera Settings 选项中被打开；选择 Off 选项时 DOF 关闭，如图 6-67 所示。

- Depth of Field Type：设置景深类型，默认情况下是 Smooth。此设置只影响 Sprite 和 Textured Polygon，如图 6-68 所示。

图 6-66　　　　　　　　图 6-67　　　　　　　　图 6-68

> Square（AE）：这种模式可以较快地提供一个 After Effects 中内置的景深效果。

> Smooth：这种模式提供一个平滑的景深效果，大多数情况下这
种效果更加逼真。Smooth 模式下渲染要比 Square 慢。

- Transfer Mode：传输模式选项中有多种混合模式，这些混和模式不仅仅可以用于纯色层，还可以添加到动画中。在 Particular 中主要是应用在粒子与原始图层的混合。Normal 模式通常是叠加的最佳模式。当然也可以选择其他模式，默认情况下是 None，这将只是从粒子输出中替换原始图层的内容。此部分混合模式与 Photoshop 中的混合模式计算方式类似，只不过 After Effects 中的混合模式不仅可以处理图片，还可以应用在动画上，如图 6-69 所示。

- Opacity（透明度）：设置渲染的透明度，通常保持默认选项即可。

- Motion Blur（运动模糊）：当粒子高速运动时，它可以提供一个平滑的外观，类似真正的摄像机捕捉快速移动的物体的效果，如图 6-70 所示。

图 6-69

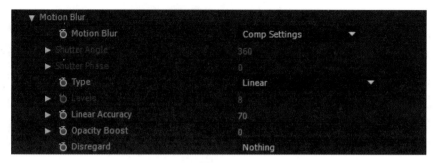

图 6-70

➢ Motion Blur（运动模糊）：该选项可以打开或者关闭，默认是 Comp Setting。如果使用
After Effects 项目中的动态模糊设定，那么在 After Effects 时间轴上图层的动态模糊开关
一定要打开，如图 6-71 所示。

图 6-71

➢ Shutter Angle（快门角度）：控制运动模糊的强度。该值越大，运动模糊效果越强烈。
➢ Shutter Phase（快门相位）：快门的相位偏移虚拟相机快门打开的时间点。值为 0 表示
快门同步到当前帧；负值会导致运动在当前帧之前被记录；正值会导致运动在当前帧之
后被记录。要创建运动条纹在当前帧的焦点中，使用快门相位负值等于快门角度。
➢ Type：设置运动模糊的类型，如图 6-72 所示。

图 6-72

■ Linear：此种模式设定在 Shutter（快门）被打开的期间，粒子在一条直线上移动。一
般情况下要比 Subframe Sample 模式下渲染得快，有时候会给人一种生硬的感觉。
■ Subframe Sample：此种模式设定在 Shutter（快门）被打开时，在一些点上采样粒子
的位置和角度。通常这种模式下运动模糊都会很平滑，给人感觉很真实，但是渲染
时间会增加。
● Levels：动态模糊的级别设置越高，效果越好，但渲染时间也会大大增加。
● Linear Accuracy：当 Type 选择 Linear 时该选项被激活。更高的值会导致运动模糊的准确性
更高。
● Opacity Boost：当运动模糊被激活时，粒子被涂抹。涂抹后粒子会失去原先的强度，变得不
那么透明。增加粒子的强度值可以抵消这种损失。该参数值越高意味着有更多的不透明粒
子出现。当粒子模拟火花或者作为灯光发射器的时候是非常有用的。
● Disregard：有时候不是所有的合成都需要运动模糊的。Disregard 就提供这样一种功能，某
些地方粒子模拟运动模糊计算时可以忽略不计，如图 6-73 所示。

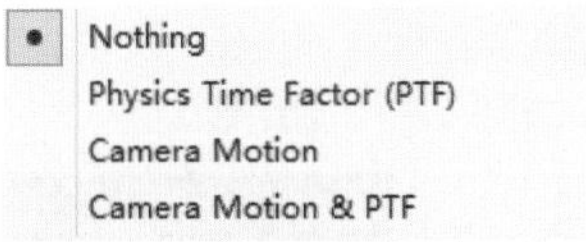

```
●  Nothing
   Physics Time Factor (PTF)
   Camera Motion
   Camera Motion & PTF
```

图 6-73

> Noting：模拟中没有什么被忽略。

> Physics Time Factor（PTF）：忽略 Physics Time Factor（物理时间因素）选择此模式时，爆炸的运动模糊不受时间的停顿影响。

> Camera Motion：在此模式下，相机的动作不参与运动模糊。当快门角度非常高、粒子很长时也许这种模式最有用。在这种情况下，如果 Camera Motion（相机移动），运动将导致大量的模糊出现，除非将摄像机运动忽略。

> Camera Motion &（PTF）：无论是相机运动或 PTF，都有助于运动模糊。

6.11 图片转换为粒子案例

01 选择"合成→新建合成"命令。在"合成设置"对话框中设置视频尺寸及格式，设置"预设"为 HDV/HDTV 720 25，"合成名称"修改为"合成 1"，单击"确定"按钮。

02 选择"图层→新建→纯色"命令。在"纯色"对话框中，将"名称"设置为"层发射器"，将"宽度"设置为 1280，将"高度"设置为 720，将"单位"设置为像素，将"像素长宽比"设置为"方形像素"，单击"确定"按钮，如图 6-74 和图 6-75 所示。

图 6-74

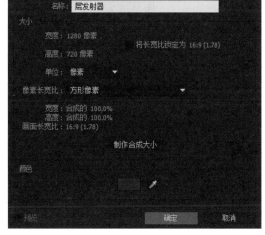

图 6-75

03 按照上述操作再建立一个纯色层，在"纯色"对话框中将"名称"设置为"发射器"，在"时间轴"面板中单击"发射器"。下面要把这个纯色层转换为一个预合成。选中纯色层，选择"图层→预合成"命令。在"预合成"对话框中，将"新合成名称"修改为"预合成发射器"，选择"将所有属性移动到新合成"选项，单击"确定"按钮，如图 6-76 所示。

04 选择"文件→导入→文件"命令，在文件夹中选择已结准备好的"颜色贴图 1"文件并导入软件，该图片为粒子建立的基础，如图 6-77 所示。

图 6-76   图 6-77

05 在"项目"面板中双击"预合成发射器"进入合成层，在"时间轴"面板中可以看到"预合成发射器"，将"项目"中的"颜色贴图 1"拖入"预合成发射器"合成层，如图 6-78 和图 6-79 所示。

图 6-78

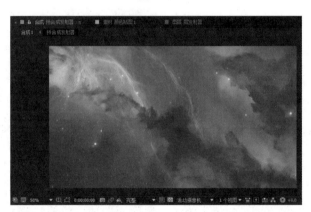

图 6-79

06 在"时间轴"面板中选中"发射器"层，选择"效果→杂色和颗粒→湍流杂色"命令。展开"发射器" ▶ 2 发射器 的三角图标，出现"效果"与"变换"选项，再打开"效果"的三角图标，出现 ▶ 湍流杂色 ，打开"湍流杂色"的三角图标，将"对比度"设置为 1400。展开"湍流杂色→变换"的三角图标，将"缩放"设置为 30，如图 6-80 所示。

07 在"时间轴"面板中调整"时间指示器"，将其拖到 0 秒处，设置"湍流杂色"参数，将"亮度"设置为 -450，设置起始关键帧，如图 6-81 所示。

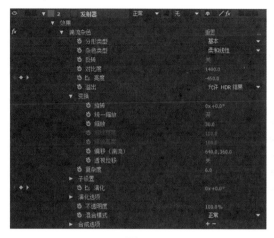

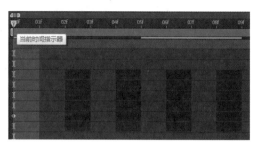

图 6-80　　　　　　　　　　　　　　　　　　　图 6-81

08 拖动"时间指示器"至第 10 帧，在第 10 帧处将"亮度"设置为 –150，添加关键帧，拖动"时间指示器"至第 1 秒，在 1 秒处将"亮度"设置为 –450，添加关键帧。拖动"时间指示器"至 0 秒处，在 0 秒处将"演化"设置为 0°，添加关键帧，拖动"时间指示器"至 1 秒处，在 1 秒处将"演化"设置为 540°，添加关键帧。在播放窗口播放并预览效果，如图 6-82 和图 6-83 所示。

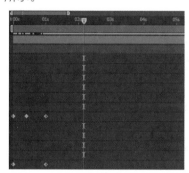

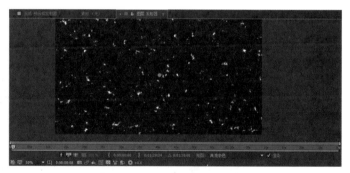

图 6-82　　　　　　　　　　　　　　　　　　　图 6-83

09 在"时间轴"面板中，单击"颜色贴图 1"层，在右侧轨道遮罩（TrkMat）下拉列表中，把"无"改成"亮度遮罩发射器"，让其有颜色的地方发射粒子。在播放窗口播放并预览效果，如图 6-84 和图 6-85 所示。

图 6-84

181

图 6-85

10 激活右侧"预合成发射器"的三维化图标 ⬡，将发射器三维化，如图 6-86 所示。

图 6-86

11 单击"预合成发射器"左侧的三角图标，接着展开"变换"的三角图标，将"X 轴旋转"设置为 90°，调整发射器的发射方向。将发射器调整到画面的下方，展开"变换"选项，将"位置"参数设置为 (640,724,0.0)，可以看到整个画面成水平状，如图 6-87~ 图 6-89 所示。

图 6-87

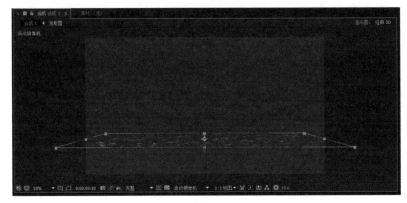

图 6-88

图 6-89

12 在"时间轴"面板中展开"层发射器"属性，可以看到 Particular 相关的参数，展开 Emitter 左侧的三角图标，分别设置 Emitter Type 为 Layer，并且将 Particles/sec 设置为 44670，如图 6-90 所示。

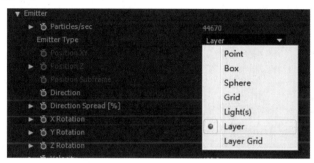

图 6-90

13 分别设置 Direction 参数为 Directional，X Rotaion 设置为 180°，Velocity Random 设置为 50，如图 6-91 和图 6-92 所示。

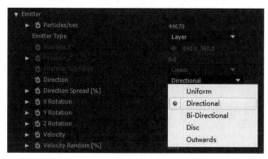

图 6-91

图 6-92

14 展开 Layer Emitter 的三角图标，将 Layer 设置为"1. 预合成发射器"，将 Layer Sampling 设置为 Particle Birth Time，如图 6-93 所示。

图 6-93

15 展开 Particle 的三角图标，将 Life 设置为 21.1，将 Size 设置为 2，将 Transfer Mode 设置为 Add，如图 6-94 所示。

16 打开 Aux System 的三角图标，将 Particles/sec 设置为 100，将 Life 设置为 2，将 Size 设置为 1，将 Size over life 绘制为相应的图形，使其逐渐衰减（通过这种方式控制粒子拖尾的效果，不同的衰减模式可以变幻出不同的效果），将 Color From Main 设置为 100，Transfer Mode 设置为 Add。播放动画即可看到，图片转化成的粒子并运动起来。通过这种方式我们只需要将图片变为动态素材，即可创造出变幻无穷的粒子特效，如图 6-95 和图 6-96 所示。

图 6-94

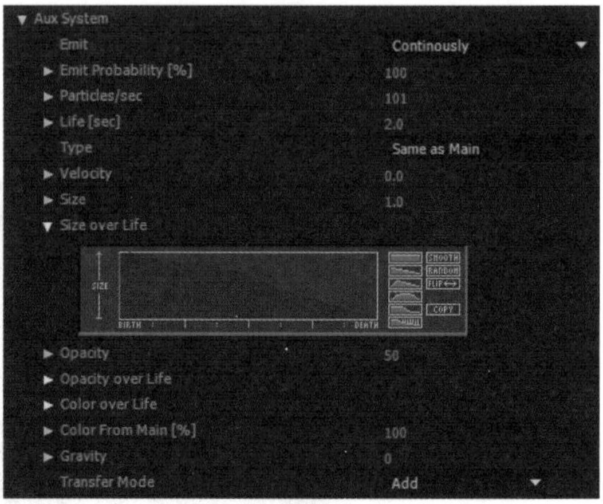

图 6-95

图 6-96

第 7 章

综合案例

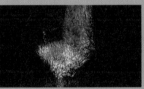

经过前面所有的系统学习之后，如何将所学到的知识在实际中进行有效运用是我们现在所需要思考的，熟练地掌握 After Effects 的使用方法需要经过反复的练习，以及对每一步操作的思考，才能真正变成我们自己的东西。在本章我们来对两个案例进行整体的剖析，同时还有 After Effects 与 CINEMA 4D 的相互贯通使用方法的介绍，使作品更加多元化。

7.1 水墨案例

本案例制作的是一个简单的水墨风格包装动画。近年来，水墨风格的包装动画逐渐受到很多人的追捧，而通过 After Effects 的一些基本功能的应用，可以比较容易地得到一个水墨动画效果。本案例的知识点主要是三维动画的基本运用，利用 After Effects 的三维功能，搭建一个水墨风格的场景，并利用摄像机进行一个穿梭动画，从而完成效果的制作。总体制作较为简单，是对 After Effects 三维动画方面知识点的一次复习，希望大家通过对本案例的学习，能够熟悉地掌握 After Effects 三维动画的运用方法，如图 7-1 ~ 图 7-3 所示。

图 7-1

图 7-2

图 7-3

本次的效果制作需要提前准备一些素材，这些素材可以从网络中获得，并通过 Photoshop 等图像处理软件，对素材进行处理，去除不需要的背景，保留透明通道。由于作者已经提前制作好了素材，这里不再赘述，大家可以直接使用我们提供的素材进行学习，也可以根据自己的需求，寻找并处理素材，如图 7-4 所示。

墨迹 大.png　　墨迹.png　　墨迹2.png　　水墨房屋.png　　水墨梅花.png　　水墨山水.png

图 7-4

7.1.1　建立合成与导入素材

01 打开 After Effects CC 2015 软件，选择"合成→新建合成"命令，弹出"合成设置"对话框，在该对话框中将"合成名称"改为"总合成"，选择预设为 HDV/HDTV 720 25，将持续时间改为 0:00:05:00，单击"确定"按钮，如图 7-5 所示。

图 7-5

02 选择"文件→导入→文件"命令，弹出"导入文件"对话框，在该对话框中选择需要导入的素材文件，单击"导入"按钮，将所需要的素材导入到 After Effects 的"项目"面板中，如图 7-6 和图 7-7 所示。

图 7-6

图 7-7

7.1.2　制作背景

01 双击"项目"面板中的"总合成"，激活"时间轴"面板。选择"图层→新建→纯色层"命令，弹出"纯色设置"对话框。在该对话框中，将名称更改为"背景层"；单击"颜色"中的白色色块，弹出"拾色器"对话框，在该对话框中的 # 文本框中输入 E3E3E3，单击"确定"按钮，新建纯色层，如图 7-8 和图 7-9 所示。

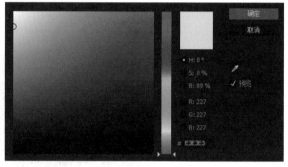

图 7-8　　　　　　　　　　　　　　　　　图 7-9

02 此时"时间轴"面板中会出现"背景层"。在工具箱中单击按住"矩形工具"图标，在弹出的菜单中选择"椭圆工具"，如图 7-10 所示。

03 在"时间轴"面板中选择"背景层"，然后在工具箱中双击"椭圆工具"　，为纯色层添加充满画面的椭圆形蒙版，如图 7-11 所示。

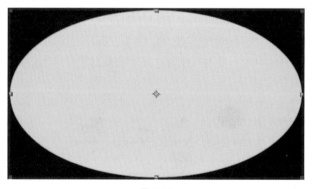

图 7-10　　　　　　　　　　　　　　　　　图 7-11

04 在"时间轴"面板中单击"背景层"左侧的三角图标▶，展开图层属性，单击蒙版左侧的三角图标▶，展开蒙版属性，单击"蒙版 1"左侧的三角图标▶，展开蒙版属性。将"蒙版羽化"参数设置为 450.0,450.0 像素，将"蒙版拓展"参数设置为 150.0 像素，此时一个简单的背景就制作完成了，如图 7-12 和图 7-13 所示。

图 7-12　　　　　　　　　　　　　　　　　　　图 7-13

7.1.3　搭建场景

01　在"项目"面板中，找到"水墨房屋"素材，将其拖入"时间轴"面板中，并置于"背景层"上方。导入"水墨房屋"素材，单击"水墨房屋"层右侧的图层开关中的第三个黑色方框，激活"3D图层"，如图 7-14 所示。

图 7-14

02　单击"时间轴"面板中的"水墨房屋"图层左侧的三角图标▶，展开图层属性，单击"变换"选项左侧的三角图标▶，展开变换属性，将"位置"参数设置为 882,375.0,从而确定"水墨房屋"层在三维空间中的位置，如图 7-15 所示。

图 7-15

03　在"项目"面板中找到"水墨山水"素材，将其拖入"时间轴"面板中，并置于"水墨房屋"上方。导入"水墨山水"素材，单击"水墨山水"层右侧的图层开关中的第三个黑色方框，激活"3D图层"，如图 7-16 所示。

图 7-16

04 此时会发现在"水墨山水"层中残留有不干净的背景，可以通过更改图层叠加模式屏蔽杂色背景，如图 7-17 所示。

图 7-17

05 单击屏幕左下角"展开或折叠转换控制面板" 图标，展开图层"转换控制"面板，然后将"水墨山水"层的叠加模式改为"相乘"，如图 7-18 所示。

图 7-18

06 单击"时间轴"面板中的"水墨山水"图层左侧的三角图标 ，展开图层属性，单击"变换"选项左侧的三角图标 ，展开变换属性，将"位置"参数设置为 1529.0,351.0,3950.0，将"缩放"参数设置为 75.0,75.0,75.0%，将"不透明度"参数设置为 75%，从而确定"水墨房屋"层在三维空间中的位置关系，如图 7-19 所示。

图 7-19

07 在"项目"面板中，找到"墨迹 2"素材，将其拖入"时间轴"面板中，并置于"水墨山水"上方。导入"墨迹 2"素材，单击"墨迹 2"层右侧的图层开关中的第三个黑色方框，激活"3D图层"，如图 7-20 所示。

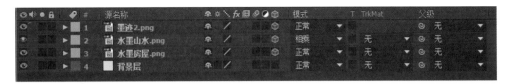

图 7-20

08 单击"时间轴"面板中的"墨迹 2"图层左侧的三角图标▶，展开图层属性，单击"变换"选项左侧的三角图标▶，展开变换属性，将"位置"参数设置为 741.0,451.0,−908.9，从而确定"水墨房屋"层在三维空间中的位置关系，如图 7-21 所示。

图 7-21

09 选择"图层→新建→摄像机"命令，建立摄像机，弹出"摄像机设置"面板，选择"预设"为 50 毫米，单击"确定"按钮，建立摄像机，如图 7-22 所示。

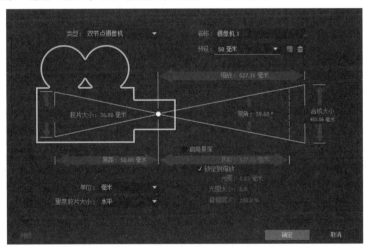

图 7-22

10 单击"时间轴"面板中的"摄像机 1"图层左侧的三角图标▶，展开图层属性，单击"变换"选项左侧的三角图标▶，展开变换属性，将"目标点"参数设置为 427.0,298.0,0.0，将"位置"参数设置为 323.0,173.0,−2379.0，从而确定摄像机的位置关系，如图 7-23 所示。

图 7-23

11 在"项目"面板中，找到"水墨梅花"素材，将其拖入"时间轴"面板中，并置于"墨迹 2"上方。导入"水墨梅花"素材，单击"水墨梅花"层右侧的图层开关中的第三个黑色方框，激活"3D图层"，如图 7-24 所示。

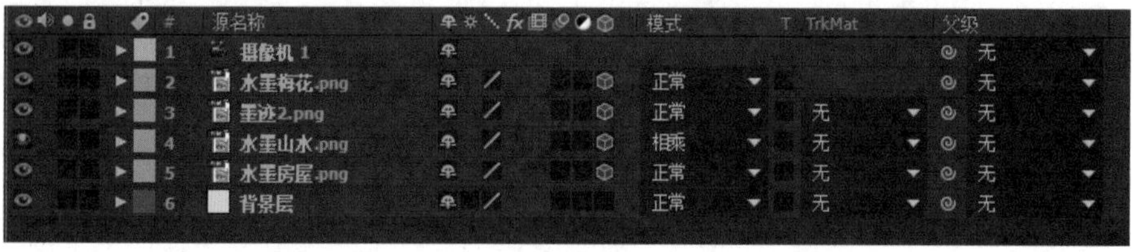

图 7-24

12 单击"时间轴"面板中的"水墨梅花"图层左侧的三角图标▶，展开图层属性，单击"变换"选项左侧的三角图标▶，展开变换属性，将"位置"参数设置为 139.0,336.0,-1713.0，单击"缩放"右侧的 图标将"约束比例"关闭，然后将"缩放"参数设置为 -54.0,54.0,54.0，将"Z 轴旋转"参数设置为 0x-17.0°，从而确定"水墨梅花"的位置关系，如图 7-25 所示。

13 在"工具栏"中，长按"横排文字工具" 在弹出的菜单中选择"竖排文字工具"，随后在"合成"面板中单击鼠标，输入文字"特效合成"。在屏幕左侧的"字符"面板中，选择字体为"段宁毛笔行书"（这里可以自由选择，案例中的字体会随素材一并附送），将"设置字体大小"改为 394 像素，将"设置行距"改为 358 像素，字体颜色为黑色，如图 7-26 所示。

图 7-25

图 7-26

14 单击"时间轴"面板中"特效合成"层右侧的图层开关中的第三个黑色方框，激活"3D图层"，单击"时间轴"面板中的"特效合成"图层左侧的三角图标▶，展开图层属性，单击"变换"选项左侧的三角图标▶，展开变换属性，将"位置"参数设置为 -252.6,-794,7732.5，将"缩放参数"设置为 129.0,129.0,129.0，从而确定"特效合成"文字的位置关系，如图 7-27 和图 7-28 所示。

图 7-27

图 7-28

15 继续使用"竖排文字工具"输入文字"综合案例解析"（或自己想要的文字），在屏幕左侧的"字符"面板中，选择字体"段宁毛笔行书"（这里可以自由选择，案例中的字体会随素材一并附送），将"设置字体大小"改为 188 像素，将"设置行距"改为 358 像素，字体颜色为黑色，如图 7-29 所示。

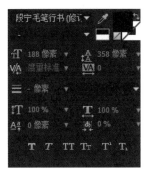

图 7-29

16 单击"时间轴"面板中"综合案例解析"层右侧的图层开关中的第三个黑色方框，激活"3D图层"，单击"综合案例解析"图层左侧的三角图标▶，展开图层属性，单击"变换"选项左侧的三角图标▶，展开变换属性，将"位置"参数设置为 179.0,547.0,7777.0，将"不透明度"参数设置为 80%，从而确定"综合案例解析"文字的位置关系，如图 7-30 和图 7-31 所示。

图 7-30

图 7-31

17 继续使用"竖排文字工具"输入文字"知识点详解"（或自己想要的文字），在屏幕左侧的"字符"面板中，选择字体"段宁毛笔行书"（这里可以自由选择，案例中的字体会随素材一并附送），将"设置字体大小"改为 200 像素，将"设置行距"改为 358 像素，字体颜色为黑色，如图 7-32 所示。

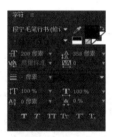

图 7-32

18 单击"时间轴"面板中"知识点详解"层右侧的图层开关中的第三个黑色方框，激活"3D图层"，单击"知识点详解"图层左侧的三角图标▶，展开图层属性，单击"变换"选项左侧的三角图标▶，展开变换属性，将"位置"参数设置为 455.0,0.0,7000.0, 从而确定"知识点详解"文字的位置关系，如图 7-33 和图 7-34 所示。

图 7-33

图 7-34

19　继续使用"竖排文字工具"输入文字"影"（或自己想要的文字），在屏幕左侧的"字符"面板中，选择字体"段宁毛笔行书"（这里可以自由选择，案例中的字体会随素材一并附送），将"设置字体大小"改为 1296 像素，将"设置行距"改为 358 像素，字体颜色为黑色，如图 7-35 所示。

图 7-35

20　单击"时间轴"面板中"影"层右侧的图层开关中的第三个黑色方框，激活"3D 图层"，单击"影"图层左侧的三角图标▶，展开图层属性，单击"变换"选项左侧的三角图标▶，展开变换属性，将"位置"参数设置为 −1103.3,410.5,7141.8，从而确定"影"字的位置关系，如图 7-36 和图 7-37 所示。

图 7-36

图 7-37

21 继续使用"竖排文字工具"输入文字"视"（或自己想要的文字），在屏幕左侧"字符面板"中，选择字体"段宁毛笔行书"（这里可以自由选择，案例中的字体会随素材一并附送），将"设置字体大小"改为 810 像素，将"设置行距"改为 358 像素，字体颜色为黑色，如图 7-38 所示。

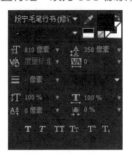

图 7-38

22 单击"时间轴"面板中"视"层右侧的图层开关中的第三个黑色方框，激活"3D 图层"，单击"影"图层左侧的三角图标▶，展开图层属性，单击"变换"选项左侧的三角图标▶，展开变换属性，将"位置"参数设置为 −346.9,1422.2,7045.0，从而确定"视"字的位置关系。到这一步，主要场景已经基本搭建完毕了，然而我们会发现画面还不够丰富，于是可以为背景添加一些墨迹效果，从而丰富画面，如图 7-39 和图 7-40 所示。

图 7-39

图 7-40

23 在"项目"面板中，找到"墨迹 大"素材，将其拖入"时间轴"面板中，并置于"背景层"上方。单击"墨迹"层右侧的图层开关中的第三个黑色方框，激活"3D 图层"，如图 7-41 所示。

图 7-41

24 单击"时间轴"面板中的"墨迹 大"图层左侧的三角图标▶，展开图层属性，单击"变换"
选项左侧的三角图标▶，展开变换属性，将"位置"参数设置为 −400.0,−313.0,12559，将"缩放"
参数设置为 1163.0,1163.0,1163.0，将"不透明度"参数设置为 10%，从而确定"墨迹 大"层
在三维空间中的位置，如图 7-42 所示。

图 7-42

25 在"时间轴"面板中，选中"墨迹 大"素材，按快捷键 Ctrl+D 复制一层，单击"时间轴"
面板中新的"墨迹 大"图层左侧的三角图标▶，展开图层属性，单击"变换"选项左侧的三角图
标▶，展开变换属性，将"位置"参数设置为 5925.1,3340.3,12559.0，将"缩放"参数设置为
431.0,431.0,431.0，将"不透明度"参数设置为 10%，从而确定新"墨迹 大"层在三维空间中
的位置，如图 7-43 所示。

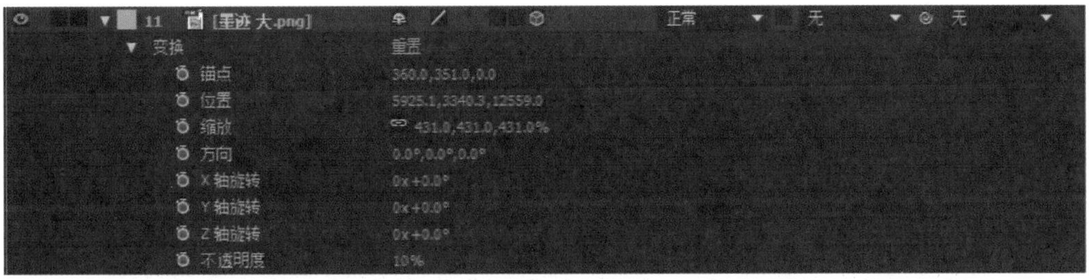

图 7-43

26 在"时间轴"面板中，选中"墨迹 大"素材，按快捷键 Ctrl+D 复制一层，单击"时间轴"
面板中新的"墨迹 大"图层左侧的三角图标▶，展开图层属性，单击"变换"选项左侧的三角图
标▶，展开变换属性，将"位置"参数设置为 5925.1,1676.3,12559.0，将"缩放"参数设置为
1033.0,1033.0,1033.0，将"不透明度"参数设置为 10%，从而确定新"墨迹 大"层在三维空
间中的位置，如图 7-44 和图 7-45 所示。

图 7-44

图 7-45

27 在"项目"面板中，找到"墨迹"素材，将其拖入"时间轴"面板中，并置于"背景层"上方。单击"墨迹"层右侧的图层开关中的第三个黑色方框，激活"3D 图层"，如图 7-46 所示。

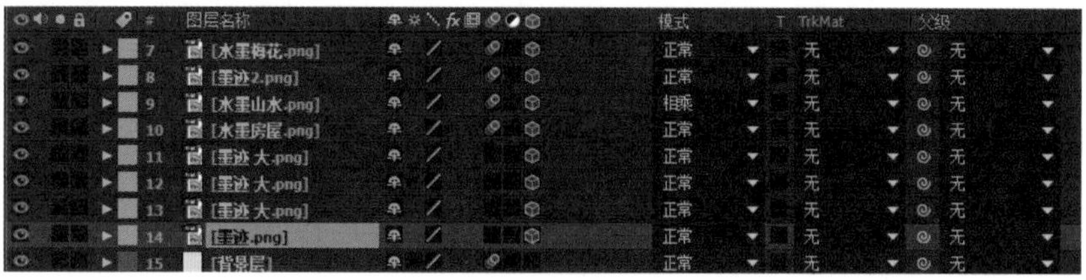

图 7-46

28 单击"时间轴"面板中的"墨迹"图层左侧的三角图标 ▶，展开图层属性，单击"变换"选项左侧的三角图标 ▶，展开变换属性，将"位置"参数设置为 -1480.9,-77.8,-4367.0，将"缩放"参数设置为 395.0,395.0,395.0，将"不透明度"参数设置为 20%，从而确定"墨迹"层在三维空间中的位置。到这里，场景已经搭建完毕，在接下来的环节中进行摄像机动画的设置，如图 7-47 和图 7-48 所示。

图 7-47

图 7-48

7.1.4　设置动画

01 在"时间轴"面板中，找到此前建好的摄像机层，单击"摄像机"层左侧的三角图标▶，展开图层属性，单击"变换"选项左侧的三角图标▶，展开变换属性，将"时间轴"移动到 0:00:00:16，单击"目标点"左侧的码表图标激活，将"位置"左侧的码表图标激活，如图 7-49 所示。

图 7-49

02 将时间轴拖动到 0:00:00:00 处，将"目标点"参数设置为 –173.9,1214.8,13670.9，将"位置"参数设置为 –945.5,1378.2,3420.2，如图 7-50 所示。

图 7-50

03 将时间轴拖动到 0:00:04:24 处，将"位置"参数设置为 323.0,154.0,–2507.0。到这里，动画基本设置完毕，然而在按空格键播放时，会发现画面的动感不足，接下来为其添加运动模糊效果，如图 7-51 和图 7-52 所示。

图 7-51

图 7-52

04 在"时间轴"面板中，为除了"背景层"和"摄像机层"之外的所有图层，打开"运动模糊开关" ，并在"时间轴"面板的上方打开"运动模糊总开关" ，这样运动起来的素材就会有拖影的效果。至此，整个效果制作完成，按空格键预览动画效果，确认无误后，进行渲染操作即可，如图 7-53 和图 7-54 所示。

图 7-53

图 7-54

7.2 粒子案例

在众多 3D 软件中，CINEMA 4D 可以说是能与 After Effects 结合得最完美的一款 3D 软件，从材质、摄像机、模型等，二者都可以进行相互的导入及使用。在本案例中运用到的就包括利用 CINEMA 4D 的模型读取，以及摄像机导入，让 After Effects 中的粒子发射成为具象实体化的物体，如图 7-55 所示。

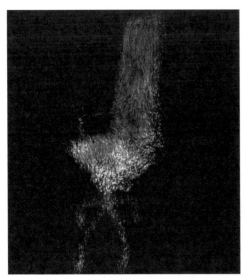

图 7-55

7.2.1　CINEMA 4D 的模型读取

在之前的学习中，我们了解到 After Effects 中 Particular 粒子插件的发射原理，粒子的发射需要发射器，如何将单层次的发射器立体化，我们可以想象面包切片，每个面包切片合起来就是一个完整的面包，我们将每个面包切片想象成为一个发射器，那么多个发射器合起来，粒子的发射就成为了一个立体的图像，在 CINEMA 4D 中，我们需要进行的就是将一个立体的模型进行扫描，然后进行多层次的粒子发射。

01 在 CINEMA 4D 中打开"椅子模型"文件（CINEMA 4D 中的具体操作在这里就不做详细叙述了，用户可以导入模型制作简单的动画即可），如图 7-56 所示。

02 建立一个等长等宽的薄片进行"扫描"动作，在椅子前加入"关键帧 1"，在椅子后加入"关键帧 2"，中间间隔 150 帧，并且匀速运动，放置在如图 7-57 和图 7-58 所示的位置。

图 7-56　　　　　　　　　　　　图 7-57　　　　　　　　　　　　图 7-58

03 添加布尔对象，求得椅子模型和薄片的交集。选择"正视图→查看→作为渲染视图"命令。单击"渲染设置"，渲染格式为 PNG，勾选"Alpha 通道"选项，进行渲染。

7.2.2　导入序列

01 选择"合成→新建合成"命令，在"合成设置"面板设置视频尺寸及格式，设置"预设"为 HDV/HDTV 720 25，"合成名称"修改为"合成 1"，其他参数不做修改，单击"确定"按钮，如图 7-59 所示。

图 7-59

02 下面要把渲染好的序列帧文件导入，选择"文件→导入→文件"命令，选择 CINEMA 4D 已经渲染好的第一张图片，然后勾选"PNG 序列"选项。可以看到导入的是一段动画，是由序列帧文件组成的，如图 7-60 和图 7-61 所示。

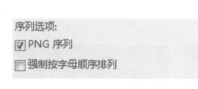

图 7-60

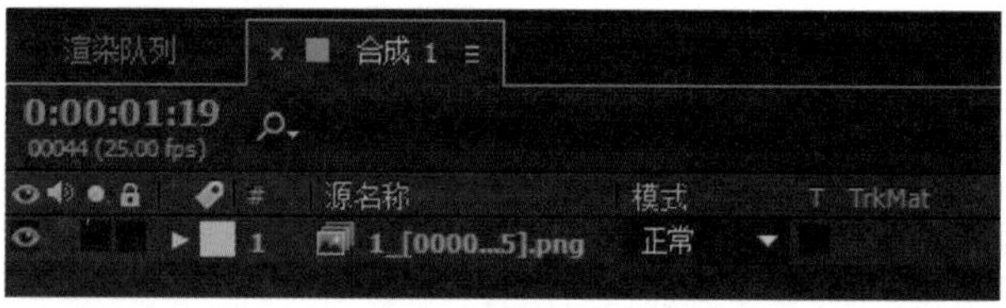

图 7-61

03 将该素材拖入"时间轴"面板并选中，选择"图层→预合成"命令，勾选"保留合成 1 中的所有属性"选项，将"新合成名称"修改为"模型发射图层"。

7.2.3　建立层发射器

01 在"时间轴"面板中的"合成 1"中建立一个纯色层。选择"图层→新建→纯色"命令，建立一个纯色层。在"纯色设置"对话框中，将"名称"设置为"层发射器"，将"宽度"设置为1280，将"高度"设置为720，将"单位"设置为"像素"，将"像素长宽比"设置为"方形像素"，单击"确定"按钮，如图 7-62 所示。

02 在"时间轴"面板中选中"层发射器",选择"效果→ Trapcode → Particular"命令,如图 7-63 所示。

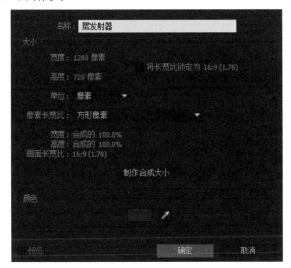

图 7-62

图 7-63

03 这样就为"层发射器"建立了 Particular 效果,展开"层发射器"属性,单击打开 Emitter 的三角图标。将 Emitter Type 设置为 Layer,并且将 Particles/sec 设置为 100000,将 Direction 设置为 Outwards,将 Velocity 设置为 35,将 Velociitu from Motion 设置为 80。

04 单击打开 Layer Emitter 的三角图标。将 Layer 设置为"模型发射图层"。将 Layer Sampling 设置为 Particle Birth Time,将 Layer RGB Usage 设置为 RGB-XYZ Velocity+Col,如图 7-64 所示。

05 单击展开 Particle 的三角图标,将 Life 设置为 25,将 Size Random 设置为 40,将 Size 设置为 2,将 Transfer Mode 设置为 Add 模式,如图 7-65 所示。

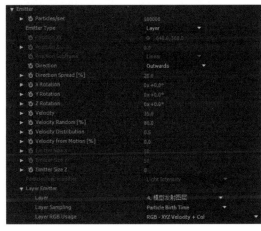

图 7-64

图 7-65

06 单击打开 Physics 的三角图标,将 Air Resistance 设置为 1,如图 7-66 所示。

07 打开 Aux System 的三角图标,将 Emit 设置为 Continously,将 Life 设置为 25,将

Size 设置为 1，将 Opacity 设置为 30，将 Color From Main 设置为 100，将 Transfer Mode 设置为 Add 模式，如图 7-67 所示。

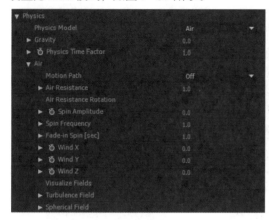

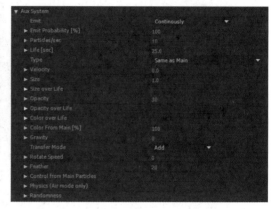

图 7-66   图 7-67

7.2.4 建立层摄像机

01 下面要制作一段动画，选择"图层→新建→摄像机"命令，将"摄像机名称"设置为"摄像机 1"，如图 7-68 所示。

02 在"时间轴"面板中选择"摄像机 1"，按 C 键调整为摄像机角度，将画面调整到正视图约 45° 角观察，如图 7-69 所示。

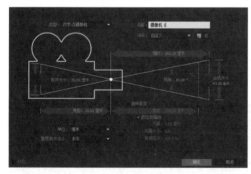

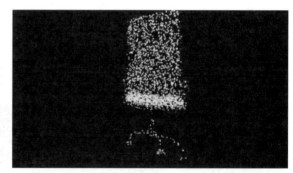

图 7-68   图 7-69

7.2.5 粒子实体化

01 在"时间轴"面板中单击"模型发射图层"的"三维化图标" ，单击展开"变换"的三角图标，在 0 秒处添加关键帧，如图 7-70 和图 7-71 所示。

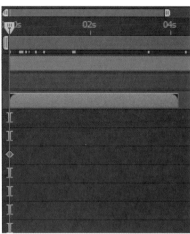

图 7-70

图 7-71

02 将"时间指示器"移动到时间轴的 4 秒处，在"时间轴"面板中将"模型发射图层"中的"变换→位置"设置为 672,356,540，得到如图 7-72 所示的效果。

03 在"时间轴"面板中双击进入"模型发射图层"合成，将"1"复制一层，修改名称为"2"，选择 "1"，选择"效果→遮罩→简单阻塞工具"命令，将"阻塞遮罩"设置为 14，如图 7-73 所示。

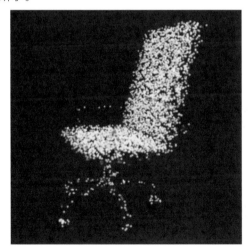

图 7-72

图 7-73

04 选择"2"，将"亮度遮罩"设置为"Alpha 反转遮罩 1_[0000-0125].png"，如图 7-74 所示。

图 7-74

05 将"1"和"2"复制粘贴一次，将它们重命名为"3"和"4"，将"4"的"亮度遮罩"设置为"无"，如图 7-75 所示。

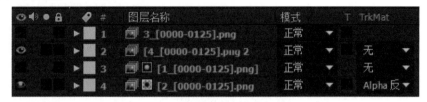

图 7-75

06 选择"图层→新建→纯色"命令。在"时间轴"面板中选择新建好的纯色图层，选择"效果→杂色和颗粒→湍流杂色"命令。在"时间轴"面板中单击打开"湍流杂色"三角图标，将"对比度"设置为 450，将"缩放"设置为 125，将"亮度"设置为 -40，如图 7-76 所示。

图 7-76

07 单击打开"子设置"三角图标，在 0 秒处设置"演化"为 0°，添加关键帧，将时间指示器拖到 4 秒处，并设置"演化"为 720°，添加关键帧。

08 在"时间轴"面板，将"3"删除，将"4"拖曳到"深灰色 纯色 1"上方，将"深灰色纯色 1"的"亮度遮罩"设置为"Alpha 遮罩 [4_[0000-0125].png 2]"，如图 7-77 所示。

图 7-77

09 在"时间轴"面板中选择"4"，选择"效果→遮罩→简单阻塞工具"命令，将"阻塞遮罩"设置为 14，得到白色的轮廓边，如图 7-78 所示。

图 7-78

10 在"时间轴"面板中选择"深灰色 纯色 1"，选择"效果→模糊和锐化→快速模糊"命令，将"模糊度"设置为 50，如图 7-79 所示。

图 7-79

11 在"时间轴"面板中选择"4"和"深灰色 纯色 1"，选择"图层→预合成"命令。将"新合成名称"修改为"内部"，勾选"将所有属性移动到新合成"选项，单击"确定"按钮。将"1"和"2"按照上述操作再次进行预合成，将"新合成名称"修改为"外部"。

7.2.6　添加粒子颜色

01 选择"文件→导入→文件"命令，选择文件夹中已经准备好的"颜色贴图 1"和"颜色贴图 2"文件，单击"导入"按钮。在"项目管理"中，将"颜色贴图 1"拖到"时间轴"面板，放在"内部"与"外部"的中间，将"颜色贴图 2"拖到"时间轴"面板，放在"外部"的下面，并且将"颜色贴图 1"的"轨道遮罩"设置为"亮度遮罩 [内部]"，如图 7-80 所示。

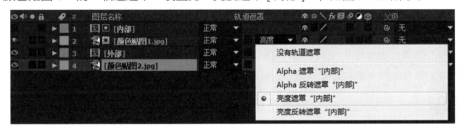

图 7-80

02 在"时间轴"面板中单击打开"颜色贴图 1"的三角图标，单击打开"变换"的三角图标，在 0 秒处将"旋转"设置为 0°，并添加关键帧。将时间指示器拖动至 4 秒处，将"旋转"设置为 180°，并添加关键帧。按照上述同样的流程，为"颜色贴图 2"也添加关键帧，如图 7-81 所示。

图 7-81

03 在"时间轴"面板中将"颜色贴图 2"的"轨道遮罩"设置为"Alpha 遮罩 [外部]"，如图 7-82 所示。

图 7-82

04 在"时间轴"面板，选择"合成 1"，得到如下效果，如图 7-83 所示。

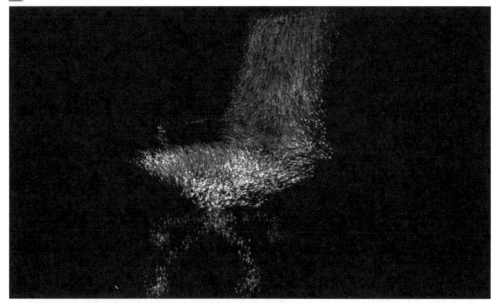

图 7-83

7.2.7　视角调整

01 在"时间轴"面板中单击打开"摄像机 1"的三角图标，单击打开"变换"的三角图标，将"目标点"设置为 180,560,680，将"位置"设置为 820,300,140。并且在 6 秒处添加关键帧，在 12 秒处将"位置"设置为 717,312,152，并且添加关键帧（这部分的参数，可以按照自己的画面需要进行调整），如图 7-84 所示。

图 7-84

02 单击打开"摄像机选项"的三角图标，将"焦距"设置为 295，将"光圈"设置为 200（这样可以产生一定的镜头模糊效果）。至此，镜头穿越椅子的镜头效果制作完成，如图 7-85 和图 7-86 所示。

图 7-85

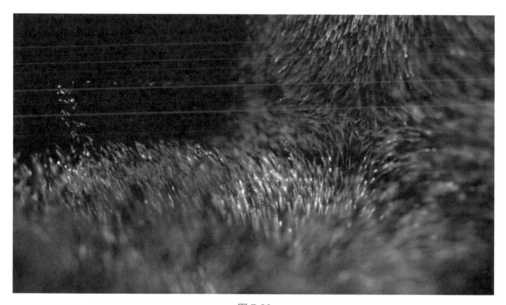

图 7-86